U0898383

污泥处理与资源化丛书

污泥处理与资源化应用实例

曹伟华　孙晓杰　赵由才　主编

北　京
冶 金 工 业 出 版 社
2010

内容简介

本书结合污泥处理与资源化技术的基本原理，主要介绍了污泥处理与资源化利用概况、污泥处理处置规划实例、污泥预处理应用实例、污泥循环卫生填埋应用实例、污泥生物处理应用实例、污泥干化与焚烧应用实例、污泥资源化利用实例等内容。

本书是《污泥处理与资源化丛书》中的一册，可供从事污泥处理及资源化工程的设计人员、科研人员、管理人员和大中专院校师生参考阅读，也可作为大学相关专业的辅助教材。

图书在版编目(CIP)数据

污泥处理与资源化应用实例/曹伟华，孙晓杰，赵由才主编.
—北京：冶金工业出版社，2010.4
（污泥处理与资源化丛书）
ISBN 978-7-5024-5222-3

Ⅰ.①污… Ⅱ.①曹… ②孙… ③赵… Ⅲ.①污泥处理—研究 ②污泥利用—研究 Ⅳ.①X703

中国版本图书馆 CIP 数据核字(2010)第 053055 号

出版人 曹胜利
地　址 北京北河沿大街嵩祝院北巷 39 号，邮编 100009
电　话 (010)64027926 电子信箱 postmaster@cnmip.com.cn
责任编辑 钱文涛 美术编辑 张媛媛 版式设计 葛新霞
责任校对 刘 倩 责任印制 牛晓波
ISBN 978-7-5024-5222-3
北京印刷一厂印刷；冶金工业出版社发行；各地新华书店经销
2010 年 4 月第 1 版，2010 年 4 月第 1 次印刷
787 mm×1092 mm 1/16；9.75 印张；230 千字；140 页；1-3000 册
32.00 元

冶金工业出版社发行部 电话：(010)64044283 传真：(010)64027893
冶金书店 地址：北京东四西大街 46 号(100711) 电话：(010)65289081
（本书如有印装质量问题，本社发行部负责退换）

《污泥处理与资源化丛书》

编 委 会

丛书序言

随着社会经济的快速发展和城市化水平的不断提高,工业污水和生活污水的排放量日益增多,污水处理厂污泥产量急剧增加。据统计,2006 年我国城市污水处理厂产生污泥(含水率 80%)高达 15000 kt,是生活垃圾清运量的 8%。我国环境保护“十一五”规划明确要求,到 2010 年,所有城市的污水处理率不低于 60%。我国住房和城乡建设部计划从 2006 年到 2010 年,新建城市污水处理厂 1000 余座,污水处理能力将由 2005 年的 12000 kt/d 增加到 50000 ~60000 kt/d,污水处理厂污泥(含水率 80%)年排放量将达到 30000 kt。

另外,我国紧邻城市的河流和湖泊已经受到严重污染,含有高浓度重金属和有毒有机物的底泥急需挖掘、疏浚和处理。有些湖泊的底泥,其有机物含量很高,污水处理厂处理污泥的方法也适合于处理湖泊底泥。

为方便起见,本丛书把污水处理厂污泥和受到严重污染的河流湖泊底泥一起统称为污泥。但是,在可能的情况下,仍然会把污水处理厂污泥和河流湖泊底泥分别描述。

我国城市污水处理厂污泥处理起步较晚,与国外先进国家相比,我国的污泥处理和处置技术还有一定差距。我国大多数较早建设的污水处理厂没有完善的污泥处理系统,新建的规模较大的污水处理厂虽然一般都有比较完善的污泥处理工艺,但真正完全投入运行且运行情况良好的污水处理厂还不多,其中,利用污泥消化产生的沼气发电的就更少了。究其原因,一方面是我国经济实力所限;另一方面是我国污泥处理起步较晚,缺乏设计及运行经验,管理规范不健全、资金投入不足,缺少成套处理处置技术设备以及足够数量的管理和科技人才。

污泥中含水率很高,其中高含量有机物寄生着各种细菌、病毒和寄生生物,同时,污泥中还浓缩着锌、铜、铅和镉等重金属化合物以及有毒化合物、杀虫剂等。污泥结构的复杂多变性决定了对其进行高效处理存在一定的难度。

在污泥堆肥方面,通过添加木屑、块状物等材料增加污泥孔隙率,降低污泥含水率,以实现强制通风。污泥堆肥存在的主要问题是污泥所含重金属和盐量往往高于有机肥,使用受到限制。必须指出的是,未经适当处理的污泥,是不允许农用的,也无法作为绿化有机肥使用。

在污泥干化焚烧方面,一般采用相变干化技术,含水率可从 80% 下降到 50% ~60%,热值大幅度提高,从而实现污泥的高效焚烧。不过,因焚烧过程耗能较大,所以限制了干化焚烧的应用。

在污泥厌氧发酵方面,技术比较成熟,一般厌氧发酵厂紧邻污水处理厂建设,厌氧发酵厂的沼液可回污水处理厂处理,也可进一步好氧堆肥后利用。厌氧发酵在我国存在的问题是二沉池污泥含有过多的砂和渣,在厌氧发酵过程中,这些砂和渣沉积在管道和发酵罐底部,严重堵塞管路。

在今后相当长的时间里,污泥卫生填埋仍然是我国污泥处理最重要的方法之一。一个城市在选择污泥出路时,首先应该考虑的就是卫生填埋。卫生填埋场建设周期短,投资相对较低,可以分期投入,管理方便,现场运行比较简单。另外,填埋场污泥降解速度较快,若干年后可进行开采和利用,腾出的空间可用来重新填埋新鲜污泥。因此,填埋场应视为污泥处理的反应器和中转站,而不是最终归宿,是一种低成本的可持续污泥处理方法。然而,污泥填埋作业也存在一些困难:由于脱水后污泥含水率仍较高,污泥在作业机械碾压时呈现很强的流变性,在污泥推铺和压实过程中,压实机和推土机容易打滑甚至陷入泥中;另外,由于污泥中高含量的有机质的亲水性,在雨季进行污泥填埋后,可能导致填埋场成为人工沼泽地,使后续填埋作业无法进行,严重影响填埋场正常运行。

在污泥资源化方面,主要包括制砖、烧水泥、热解等,目前这些处理技术还在发展之中。污泥资源化的主要问题是消纳量偏小,污泥所含的盐影响了产品的质量和使用范围。

在受污染底泥的处理与资源化方面,工程应用实例极其有限。实际中,一些河流和湖泊的底泥疏浚后堆放在岸边而未加无害化处置,造成了二次污染。

近年来,我国陆续出版了几种关于污泥处理的著作,对污泥处理与资源化事业的发展起了重要的推动作用。然而,因缺乏相关资料,一些著作在污泥卫生填埋、堆肥、厌氧发酵方面的描述存在一些欠缺。本丛书根据作者多年来在污泥方面的研究成果,结合国内外的公开报道,系统地描述了污泥处理与资源化各方面的最新进展,力求避免已出版著作中的不足,理论联系实践,重在指导性和应用性。本套丛书主要内容包括污泥管理与控制政策、污泥表征与预处理技术、污泥循环卫生填埋技术、污泥生物处理技术、污泥干化与焚烧技术、污泥资源化利用技术及污泥处理与资源化应用实例等,可供从事污泥处理与资源化研究、技术研发、应用的人员参考。

赵由才

2009 年 12 月

前　言

随着城市污水处理厂和工业废水处理设施的日益完善，作为污水处理副产物的污泥产生量日益增多，其带来的现实问题也日益受到全社会的关注。

由于长期以来污泥排放没有得到严格的监管，同时，受污水处理设施建设发展水平和认识程度的限制，污泥处理处置技术的研究和应用工作在我国尚处于起步阶段，国内污泥处理现状一直不容乐观，主要表现在以下几个方面：(1)重污水处理，轻污泥处理。许多污水处理厂普遍将污水和污泥处理单元剥离开来，为了追求简单的污水处理率，尽可能地简化、甚至忽略了污泥处理处置单元。有的污水处理厂为了节省运行费用，还将已建成的污泥处理设施长期闲置，甚至将未做任何处理的湿污泥随意外运、简单填埋或堆放，给生态环境带来了极不安全的隐患。(2) 污泥处理技术落后，设计水平较低。部分污水处理厂所采用的污泥处理技术与国外先进技术差距较大，有些污泥处理装置设计水平较低，运行工况不佳。(3) 污泥处理管理水平低。由于污泥处理技术目前在起步阶段，部分污水处理厂的管理人员和操作人员缺乏可靠的污泥处理运行管理经验，人才队伍建设有待加强。

与此同时，众多科研院所、设计单位、污水处理厂等就污泥处理与资源化利用进行了广泛的研究和实践，形成了一批较为典型、具有推广价值和现实意义的应用项目。本书结合污泥处理与资源化技术的基本原理，重点总结目前较为先进的污泥处理与资源化应用实例，在案例选择时，注重以下几个方面：

(1) 选材全面。本书基本包括了目前较为实用的各种污泥处理技术，如干化焚烧、生物处理、卫生填埋、资源化利用等处理工艺。

(2) 典型性与代表性。本书讲述的内容基本代表了国内外较为先进和典型的处理技术，如石洞口污水处理厂污泥处理工程，它是国内第一个污泥干化焚烧的案例，以及奥林匹克森林公园化粪池污泥与绿化废物共堆肥示范工程等。

(3) 实用性。本书涵盖了从污泥规划到具体技术应用各方面内容，较为全面，可供相关人员开展类似污泥处理项目时参考。

实例永远在更新，本书仅选取了目前建成的部分项目作为实例，还有很多项目正在建设中或者将要建设。今后，随着污泥处理技术的进一步深化和发展，先进的污泥处理技术必将迎来广阔的应用前景。编者也会与全国的同行一道努力，理论联系实际，不断地学习、实践！

本书共分为7章，参加本书编写的人员有：上海市政工程设计研究总院曹伟华（第1、2、6、7章），曹晶（第1.5节），卢骏营（第2.2节、第6章和第7章），方建民、卢成洪(第4章);桂林理工大学孙晓杰(第1.5节,第3.1～3.3节和第3.5节,第5章),刘康怀(第3.3节);同济大学赵由才(第3.1节,第4.1节,第5.1节),牛冬杰(第2.4节);深圳市城市规划设计研究院有限公司唐圣钧(第2.3节);郑州大学曾科、广州市大坦沙污水处理厂余建恒(第3.2节);广州大学陈嘉愉(第3.3节);桂林市排水工程管理处北冲污水处理厂陈鲜、广州市自来水公司谢济明、苏州新区自来水公司陶伟峰、上海自来水市南有限公司长桥水厂张莹(第3.4节);海宁紫薇水务有限责任公司姚新卫(第3.5节);重庆川仪工程技术有限公司张小燕(第5.2节);宿迁市环境科学研究所蒋克彬(第5.3节);机械工业第六设计研究院宋永刚(第5.4节)。

本书由曹伟华、孙晓杰、赵由才担任主编,并负责统稿。在本书编写过程中,得到上海市政工程设计研究总院的大力支持,作者在此表示感谢。

书中引用了一些同行的数据和图表,其出处已经在参考文献中列出,并在此向他们表示感谢。

由于时间仓促,书中难免存在不足之处,敬请读者原谅,并提出建议和修改意见。

编　者
2009年12月

目　录

1 污泥处理与资源化利用概况

1.1 污泥的基本特性

污泥(sludge)通常是指污水处理过程所产生的含水固体沉淀物质。其物质组成包括:(1) 水分:含水量达95%左右或更高;(2) 挥发性物质和灰分:前者是有机杂质,后者是无机杂质;(3) 病原体:如细菌、病毒和寄生虫卵等,这些病原体大量存在于生活污水、医院污水、食品工业废水和制革工业废水等的污泥中;(4) 有毒物质:如氰、汞、铬或某些难分解的有毒有机物。

在污水处理过程中,将污染物与污水分离,在完成污水的净化的同时,产生了大量污泥。这些污泥中含有各种污染物质,如果不加以有效的处理处置,仍然会污染环境,同时,污泥又是一种特殊的废物,若经适当处理,可以成为资源加以利用。因此,污泥的处理与资源化是目前环境工程和给排水专业研究的重点领域之一,是水处理和固废处理领域共同的课题,是给水厂及污水处理厂投资建设的重点方向,也是业内日益关注的热点问题和发展重点。

1.1.1 污泥的来源和分类

1.1.1.1 污泥的来源

污泥一般来自于市政给排水处理系统和工业废水处理系统。前者包括给水、雨水、生活污水等收集处理处置过程,所产生的污泥称为市政污泥。后者来自于厂矿企业所产生的污泥称为工业污泥。工业废水本身性质多变,处理工艺各异,导致工业污泥来源环节和性质复杂,而市政污泥则来源相对确定,通常包括以下几种:

(1) 水厂污泥:来自于自来水厂水处理工艺;

(2) 污水污泥:来自于污水处理厂污泥,包括初沉污泥、剩余活性污泥、化学污泥等;

(3) 疏浚污泥:来自于河道疏浚产生的河道底泥;

(4) 通沟污泥:来自于城市排水管道通沟污泥;

(5) 栅渣:来自泵站。

在上述各种污泥中,污水污泥产量最大,对环境的不良影响最大,处理处置的难度最大,目前也是人们最关心的污泥种类。污水污泥处理已经成为当前污水处理的重点、难点和热点问题。因此,在排水或市政行业所说的污泥通常指的是污水污泥,因此,本书描述的主要是污水污泥。

除污水污泥外,通沟污泥也是不可忽略的。通沟污泥的处理在国内刚刚起步,但随着城市排水系统的治理和完善,在保持城市暴雨时下水道畅通的同时,通沟污泥量也在逐渐增大。

1.1.1.2 污泥的分类

由于污泥的来源和水处理方法的不同,产生的污泥性质不一,导致污泥的种类较多,分类较为复杂,目前一般有以下几种常用的分类。

A　按产生源头分类

按产生源头可分为:

(1) 工业废水处理厂污泥(简称工业污泥);

(2) 自来水厂污泥(简称水厂污泥);

(3) 城市污水处理厂污泥(简称污水污泥);

(4) 河道疏浚产生的污泥(简称疏浚污泥);

(5) 城市排水系统通沟污泥(简称通沟污泥);

(6) 泵站系统栅渣(简称栅渣)。

B　污水污泥进一步分类

a　按性质

按性质可将污水污泥分为以有机物为主的污泥和以无机物为主的沉渣。

(1) 有机污泥:以有机物为主的污泥(有机物占60%以上),如生活污水处理过程产生的混合污泥,工业废水处理过程产生的生物处理污泥等。有机污泥流动性好,管道输送容易,但脱水性能差。

(2) 无机污泥:以无机物为主的污泥,如混凝沉淀污泥、化学沉淀污泥、沉砂池的沉渣等。无机污泥流动性差,但容易脱水。

b　按处理工艺

按处理工艺可分为初沉污泥、剩余污泥、消化污泥和化学污泥。

(1) 初沉污泥(primary sludge):指一级处理过程中产生的污泥,也就是在初沉池中沉淀下来的污泥,含水率一般为96%～98%。

(2) 剩余污泥(surplus sludge):指在生化处理工艺等二级处理过程中排放的污泥,含水率一般为99.2%以上。

(3) 消化污泥(digested sludge):指初沉污泥、剩余污泥经消化处理后达到稳定化、无害化的污泥,其中的有机物大部分被消化分解,因而不易腐败,同时污泥中的寄生虫卵和病原微生物被杀灭。

(4) 化学污泥(chemical sludge):是指絮凝沉淀和化学深度处理过程中产生的污泥,如石灰法除磷、酸、碱废水中和以及电解法等产生的沉淀物。

1.1.2　污泥的基本性质

正确把握污泥的性质是科学合理地进行污泥处理与资源化应用的前提条件,只有根据污泥的性质,才能正确选择有效的处理工艺和资源化设施。

1.1.2.1　物理特性

污泥是由水中悬浮固体经不同方式胶结凝聚而成的,结构松散,形状不规则,比表面积与孔隙率极高(孔隙率常大于99%),含水量高,脱水性差。外观上具有类似绒毛的分支与网状结构。

1.1.2.2　化学特性

生物污泥以微生物为主体,同时包括混入生活污水的泥沙、纤维、动植物残体等固体颗粒以及可能吸附的有机物、金属、病菌、虫卵等物质。污泥中也含有植物生长发育所需的氮、磷、钾及维持植物正常生长发育的多种微量元素和能改良土壤结构的有机质。

1.1.2.3 污泥中水分的存在形式及其性质

污泥中的水分有四种形态：表面吸附水、间隙水、毛细结合水和内部结合水。毛细结合水又分为裂隙水、空隙水和楔形水。

表面张力作用吸附的水分为表面吸附水。

间隙水一般要占污泥中总含水量的65% ~85%，这部分水是污泥浓缩的主要对象。

毛细结合水：浓缩作用不能将毛细结合水分离，分离毛细结合水需要有较高的机械作用力和能量，如真空过滤、压力过滤、离心分离和挤压等方法可去除这部分水分。各类毛细结合水约占污泥中总含水量的15% ~25%。

内部结合水：指包含在污泥微生物细胞体内的水分，含量多少与污泥中微生物细胞体所占的比例有关。去除这部分水分必须破坏细胞膜，使细胞液渗出，由内部结合水变为外部液体。内部结合水一般只占污泥总含水量的10%左右。

1.1.2.4 生物利用特性

一般污水处理厂产生的污泥为含水量在75% ~99%不等的固体或流体状物质。其中的固体成分主要由有机残片、细菌菌体、无机颗粒、胶体及絮凝所用药剂等组成，是一种以有机成分为主，组分复杂的混合物。污泥中包含有潜在利用价值的有机质、氮(N)、磷(P)、钾(K)和各种微量元素，见表1–1。

表1–1 不同种类的污泥营养物质含量范围 %

污泥类型	总氮(TN)	磷(按 P_2O_5 计)	钾(K)	腐殖质
初沉污泥	2.0 ~3.4	1.0 ~3.0	0.1 ~0.3	33
生物滤池污泥	2.8 ~3.1	1.0 ~2.0	0.11 ~0.8	47
活性污泥	3.5 ~7.2	3.3 ~5.0	0.2 ~0.4	41

1.1.2.5 热值特性

除了污泥中的营养元素可以作为生物处理的基础外，污泥还具有一定的燃烧热值特性，见表1–2。污泥的燃烧热值特性表明，干污泥具有较高的热值，该特性也为污泥的干化焚烧及资源化利用奠定了基础。

表1–2 典型污泥燃烧热值

污泥种类		每1 kg污泥干重的燃烧热值/kJ
初沉污泥	生污泥	15000 ~18000
	经消化	7200
初沉污泥与活性污泥混合	新鲜	17000
	经消化	7400
初沉污泥与生物膜污泥混合	生污泥	14000
	经消化	6700 ~8100
生污泥		14900 ~15200
剩余污泥		13300 ~24000

1.1.3 污泥的环境影响

污泥有机物含量高,易腐烂,有强烈的臭味,并且含有寄生虫卵、病原微生物和铜、锌、铬、汞等重金属以及盐类、多氯联苯、二恶英、放射性核素等难降解的有毒有害物质,如不加以妥善处理,任意排放,将会造成二次污染。

污泥中主要污染物质简单介绍如下。

1.1.3.1 有机污染物

污泥中有机污染物主要有苯、氯酚、多氯联苯(PCBs)、多氯二苯并呋喃和多氯二苯并二恶英(PCDD/PCDF)等。污泥中含有的有机污染物不易降解、毒性残留长,这些有毒有害物质进入水体与土壤中将造成环境污染。

1.1.3.2 病原微生物

污水中的病原微生物和寄生虫卵经过处理会进入污泥,污泥中病原体对人类或动物的污染途径包括:(1) 直接与污泥接触;(2) 通过食物链与污泥直接接触;(3) 水源被病原体污染;(4) 病原体首先污染了土壤,然后污染水体。

1.1.3.3 重金属

在污水处理过程中,70% ~90% 的重金属元素会通过吸附或沉淀而转移到污泥中。

一部分重金属元素主要来源于工业排放的废水,如镉、铬;另一部分重金属来源于家庭生活的管道系统,如铜、锌等。

1.1.3.4 其他危害

污泥对环境的二次污染还包括污泥盐分的污染和氮、磷等养分的污染。污泥含盐量较高时,会明显提高土壤电导率,破坏植物养分平衡,抑制植物对养分的吸收,甚至对植物根系造成直接的伤害。在降雨量较大,且土质疏松的地区大量施用富含氮、磷等的污泥之后,当有机物的分解速度大于植物对氮、磷的吸收速度时,氮、磷等养分就有可能随水流失而进入地表水体造成水体的富营养化,或进入地下引起地下水的污染。

1.2 污泥处理与资源化基本方法

1.2.1 污泥处理基本方法概述

污泥处理是对污泥进行稳定化、减量化处理的过程,一般包括浓缩、脱水、稳定(厌氧消化、好氧消化、堆肥)和干化、焚烧等。污泥浓缩、脱水、干化主要是降低污泥水分,干固体没有发生减量变化;污泥稳定主要是分解降低干固体中有机物数量,水分几乎没有变化;污泥焚烧是完全消除有机物、可燃物质和水分,是最彻底的稳定化、减量化。

1.2.1.1 污泥浓缩

污泥浓缩主要是去除污泥颗粒间的间隙水,浓缩后的污泥含水率为 95% ~98%,污泥仍然可保持流体特性。

我国过去的一些污水处理厂常采用重力浓缩池进行污泥浓缩,兼顾污泥匀质和调节,重力浓缩电耗低、无药耗,运行成本低;但随着脱氮除磷要求的提高,重力浓缩时间长、易释磷,重力浓缩池上清液回流至进水,增加污水处理的磷负荷,因此,新建污水处理厂大部分采用机械浓缩,有些小型污水处理厂采用更简便的浓缩脱水一体机。

1.2.1.2 污泥机械脱水

污泥机械脱水主要是去除污泥颗粒间的毛细水，机械脱水后的污泥含水率为65%~80%，呈泥饼状。

机械脱水设备主要有带式压滤机、板框压滤机和卧螺沉降离心机。

采用污泥填埋时，污泥脱水可大大减少污泥的堆积场地、节约运输过程中发生的费用；在对污泥进行堆肥处理时，污泥脱水能保证堆肥顺利进行（堆肥过程中一般要求污泥有较低的含水率）；如若进行污泥焚烧，污泥脱水率高可大大减少热能消耗。

但是，污泥成分复杂、相对密度较小、颗粒较细，并往往是胶态状况，决定了其不易脱水的特点，所以到目前为止，污泥脱水程度的进一步提高是国内外研究的热门课题。

带式压滤机电耗低，板框压滤机滤饼含水率低，卧螺沉降离心机对污泥流量波动的适应性强、密闭性能好、处理量大、占地小。我国新建污水处理厂大多采用离心机、带式压滤机和板框压滤机，小型污水处理厂一般采用浓缩脱水一体机。

1.2.1.3 污泥干化

污泥干化主要是去除污泥颗粒间的吸附水和内部水，干化后的污泥呈颗粒状或粉末状。

自然干化由于占用较多土地，而且受气候条件影响大、散发臭味，在污水处理厂污泥处理中已不多采用。

机械干化主要是利用热能进一步去除脱水污泥中的水分，是污泥与热媒之间的传热过程。机械干化分为全干化（含固率大于90%）和半干化（含固率小于90%）。

污泥含水率在40%~50%范围时，污泥流变学特征发生显著变化，污泥的黏滞性较强，而导致输送性能很差。

在干化过程中，污泥逐步失去水分而形成颗粒状，在低含水率时具有较大的表面积。

当污泥逐步形成颗粒时，表面比内部干燥，内部水的蒸发越加困难，随着含水率的降低，蒸发效率也逐渐降低。

根据污泥与热媒之间的传热方式，污泥干化分为对流干化、传导干化和热辐射干化。在污泥干化行业主要采用对流和传导两种方式，或者两者相结合的方式。另外，对流形式的干化机由于热媒与蒸发出的水汽、副产气一同排出干化机，排出气体量大，增加后续处理负担。

1.2.1.4 污泥稳定

污泥稳定是指去除污泥中的部分有机物质或将污泥中的不稳定有机物质转化为较稳定物质，使污泥的有机物含量减少40%以上，不再散发异味，即使污泥以后经过较长时间的堆置，其主要成分也不再发生明显的变化。

污泥稳定方法包括厌氧消化、好氧消化和堆肥等方法。

厌氧消化是在无氧条件下，污泥中的有机物由厌氧微生物进行降解和稳定的过程。为了减少工程投资，通常将活性污泥浓缩后再进行消化，在密闭消化池内的缺氧条件下，一部分菌体逐渐转化为厌氧菌或兼性菌，降解有机污染物，污泥逐渐被消化掉，同时放出热量和甲烷气。经过厌氧消化，可使污泥中部分有机物质转化为甲烷，同时可消灭恶臭及各种病原菌和寄生虫，使污泥达到安全稳定的程度。在污泥厌氧消化工艺中，以中温消化（33~35℃）最为常用。

在欧洲和北美洲的污水处理厂，污泥厌氧消化的成功案例较多。在我国，杭州四堡污水处理厂、北京高碑店污水处理厂、天津东郊污水处理厂采用中温厌氧消化。上海市白龙港污水处理厂的污泥中温厌氧消化工程也正在建设中。

污泥好氧消化的基本原理就是对污泥进行长时间的曝气，污泥中的微生物处于内源呼吸而自身氧化阶段，此时细胞质被氧化成 CO_2、H_2O、NO_3^- 得到稳定。好氧消化的动力消耗较高，适用于小型污水处理厂。

大部分污泥堆肥是在有氧的条件下进行，利用嗜温菌、嗜热菌的作用，使污泥中有机物分解成为 CO_2、H_2O，达到杀菌、稳定及提高肥分的作用。为了使堆肥有良好的通风环境，通常采用膨胀剂与污泥混合，以增加孔隙度、调节污泥含水率和碳氮摩尔比。堆肥时间大约需一个月。因此，污泥堆肥适用于小型、周边环境不敏感的污水处理厂。

1.2.1.5　污泥焚烧

污泥焚烧是利用焚烧炉在有氧条件下高温氧化污泥中的有机物，使污泥完全矿化为少量灰烬的处置方式。以焚烧技术为核心的污泥处理方法是最彻底的处理方式，在工业发达国家得到普遍采用。

污泥焚烧主要可分为两大类：一类是将脱水污泥直接送焚烧炉焚烧，另一类是将脱水污泥干化后再焚烧。

污泥焚烧设备主要有回转焚烧炉、立式焚烧炉、立式多段焚烧炉、流化床式焚烧炉等，过去国外常用立式多段炉，现在逐渐演变采用流化床焚烧炉。

焚烧处理污泥的优点是占用场地小，处理快速、量大，减量明显，但灰渣中的重金属不易浸出。污泥灰可送入水泥厂掺和在原料中一并制作建材等。国内已开始意识到焚烧的优点，各地均在积极探索研究因地制宜的应用方案。

1.2.2　污泥处置基本方法概述

污泥处置是对处理后污泥进行消纳的过程，一般包括土地利用、填埋、建筑材料利用等。

1.2.2.1　土地利用

污泥的土地利用是将污泥作为肥料或土壤改良材料，用于园林、绿化、林业或农业等场合的处置方式。

污泥土地利用需要具备的一个重要的条件是：其所含的有害成分不超过环境所能承受的容量范围。

污泥由于来源于各种不同成分和性质的污水，不可避免地含有一些有害成分，如各种病原菌、重金属和有机污染物等，这在一定程度上限制了污泥在土地利用方面的发展。因此，污泥土地利用需要充分考虑污泥的类型及质量、施用地的选择，并且一般需要经过一定的处理，来降低污泥中易腐化发臭的有机物，减少污泥的体积和数量，杀死病原体，降低有害成分的危险性。

污泥土地利用可能会造成土壤、植物系统重金属污染，这是污泥土地利用中最主要的环境问题。污泥中存在相当数量的病原微生物和寄生虫卵，也能在一定程度上加速植物病害的传播。

一般城市污水含有20%～40%的工业废水，重金属含量超标概率高，污泥的土地利用带有一定风险性。一些工厂排放的污水中含有一定的有机污染物，如聚氯二酚、多环芳烃以及农药的残留物。这些物质在污水和污泥的处理过程中会得到一定程度的降解，但一般难以完全除去，在污泥的使用时还需考虑其可能产生的危害。

污泥天天排放，而土地利用却是有季节性的，这种矛盾使得污泥必须找地方贮存，这既增加了管理与场地费用，又使污泥得不到及时处置。

显然，污泥用于土地利用必须经过稳定化、减量化、无害化处理，即使如此，污泥的产量也无法与土地所需要的污泥量在时间上匹配，因此，通过土地利用途径能够消耗的污泥量是非常有限的。

1.2.2.2 污泥填埋

污泥填埋是指运用一定工程措施将污泥埋于天然或人工开挖坑地内的处置方式。填埋处置场投资较省、建设期短，但实现卫生填埋须进行防渗和覆盖。

污泥填埋必须满足相应的填埋操作条件，考虑病原体和其他污染物扩散、渗漏等问题，另外，填埋的技术要求也越来越高，发达国家已规定较低的污泥有机物含量，当填埋场较远时，其运费也很可观，运输途中也会产生污染。另外，污泥填埋场的作业环境较差，容易引起二次污染。所以，污泥填埋是污泥处置的初级阶段。一般应用在土地资源丰富、经济落后、污泥量较少地区。

填埋污泥在运行管理过程存在一些问题，主要表现如下：

(1) 污泥承压极低，无法承受普通填埋作业机械，无法进行正常摊铺、压实和覆盖等填埋作业；

(2) 污泥渗透系数小，雨天无法排水，大量降水渗入填埋场内，导致脱水污泥含水率增加，污泥发生流变，承压进一步下降；

(3) 污泥填埋容易产生臭气、蚊蝇、导气井堵塞等系列环境问题。

1.2.2.3 污泥建材利用

污泥建材利用是指将污泥作为制作建筑材料的部分原料的处置方式，应用于制砖、水泥、陶粒、活性炭、熔融轻质材料以及生化纤维板的制作，在日本已经有许多工程实例。

上海石洞口污泥焚烧厂已运行多年，其焚烧灰分根据 GB 5085.1.2.3《危险废物鉴别标准》检测，证明不属于危险废物。

一方面，污泥灰及黏土的主要成分均为 SiO_2，这一特性成为污泥可做制砖材料的基础；另一方面，污泥灰中 Fe_2O_3 和 P_2O_5 含量远高于黏土，此外，灰中铁盐和钙盐的含量会改变砖的压缩张力。由于污泥中含有的无机成分与黏土成分较为接近，这说明使用污泥焚烧灰制砖是基本可行的。

污泥焚烧灰的基本成分为 SiO_2、Al_2O_3、Fe_2O_3 和 CaO，在制造水泥时，污泥焚烧灰加入一定量的石灰或石灰石，经煅烧即可制成灰渣硅酸盐水泥。利用污泥焚烧灰为原料生产的水泥，与普通硅酸盐水泥相比，在颗粒度、相对密度、反应性能等方面基本相似，而在稳固性、膨胀密度、固化时间方面较好。

污泥除了可以用来生产砖块和水泥外，还可用来生产陶瓷和轻质骨料等。

从经济角度看，污泥建材利用不但具有实用价值还具有经济效益。

至于污泥中的重金属等有毒有害物质，研究表明，污泥制成建材后，一部分会随灰渣进入建材而被固化其中，使重金属失去游离性，因此，通常不会随浸出液渗透到环境中，从而不会对环境造成较大的危害。

1.3　污泥处理与资源化相关标准规范

1.3.1　污泥处理与资源化相关标准规范

与国外相对成熟的污泥处置标准相比，我国的污水污泥处置标准体系目前刚刚起步。标准规范的缺失导致污泥处置工作的开展和污泥处置的工程实践缺乏实际指导，严重影响污泥的最终处置和污泥资源化发展的进程。

基于我国污泥处置的现状，在国家住房和城乡建设部的牵头下，国内从事城镇污水处理厂设计和运行的多家单位联合开展了标准研究。第一批标准已经公布，其他标准正在逐步制定和完善中。该系列标准还将结合我国的国情，逐步开展技术政策和技术规程的研究，形成具有我国特点的系列标准规范、技术规程，规范我国的污泥处置工作，使城镇污水处理厂产生的污泥得到妥善处置，实现污泥减量化、稳定化、无害化，并逐步提高资源化利用率。

目前，污泥处理处置与资源化利用相关的主要规范标准如下：

GB 50014—2006《室外排水设计规范》；

CJJ 60—1994《城市污水处理厂运行、维护及其安全技术规程》；

CJJ 131—2009《城镇污水处理厂污泥处理技术规程》；

GB 24188—2009《城镇污水处理厂污泥泥质》；

GB/T 23484—2009《城镇污水处理厂污泥处置分类》；

GB/T 23486—2009《城镇污水处理厂污泥处置园林绿化用泥质》；

CJ/T 291—2008《城镇污水处理厂污泥处置　土地改良用泥质》；

CJ/T 309—2009《城镇污水处理厂污泥处置　农用泥质》；

CJ/T 249—2007《城镇污水处理厂污泥处置　混合填埋泥质》；

CJ/T 289—2008《城镇污水处理厂污泥处置　制砖用泥质》；

CJ/T 290—2008《城镇污水处理厂污泥处置　单独焚烧用泥质》；

CJ/T 314—2009《城镇污水处理厂污泥处置　水泥熟料生产用泥质》；

CECS250：2008《城镇污水污泥流化床干化焚烧技术规程》。

另外，国家环保部颁发的《污水处理厂污泥处理处置最佳可行技术导则》，住房和城乡建设部、环境保护部和科学技术部联合制定了《城镇污水处理厂污泥处理处置及污染防治技术政策（试行）》等。

1.3.2　相关标准规范解读

1.3.2.1　GB 24188—2009《城镇污水处理厂污泥泥质》

标准规定了城镇污水处理厂污泥中污染物的控制项目和限值，该标准将控制项目分为基本控制项目和选择性控制项目（见表1-3和表1-4）。

表1-3　泥质基本控制指标及限值

序　号	基本控制指标	限　值
1	pH	5～10
2	含水率/%	<80

续表 1-3

序　号	基本控制指标	限　值
3	粪大肠菌群菌值	>0.01
4	细菌总数(MPN/kg 干污泥)	<10^8

表 1-4　泥质选择性控制指标及限值　单位为毫克每千克干污泥

序　号	选择性控制指标	限　值	序　号	选择性控制指标	限　值
1	总　镉	<20	7	总　锌	<4000
2	总　汞	<25	8	总　镍	<200
3	总　铅	<1000	9	矿物油	<3000
4	总　铬	<1000	10	挥发酚	<40
5	总　砷	<75	11	总氰化物	<10
6	总　铜	<1500			

从基本项目可知,城镇污水处理厂的污泥含水率必须小于 80%,这对于目前一些城镇污水处理厂污泥脱水含水率达到 80% 以上是一种考验,必须进行整改降低含水率。从污泥泥质选择性控制项目和限值来看,较 GB 4284《农用污泥中污染物控制标准》有所变化,主要是总铜和总锌结合国外标准和我国实际进行了适当的调整。

1.3.2.2　GB/T 23484—2009《城镇污水处理厂污泥处置分类》

标准规定了城镇污水处理厂污泥处置方式的分类,确定污泥处置方式按污泥的消纳方式进行分类,标准规定了污泥处置的分类原则,对四类污泥处置方式进行了分类规定(见表 1-5)。

表 1-5　城镇污水处理厂污泥处置分类

序号	分　类	范　围	备　注
1	污泥土地利用	园林绿化	城镇绿地系统或郊区林地建造和养护等的基质材料或肥料原料
		土地改良	盐碱地、沙化地和废弃矿场的土壤改良材料
		农用①	农用肥料或农田土壤改良材料
2	污泥填埋	单独填埋	在专门填埋污泥的填埋场进行填埋处置
		混合填埋	在城市生活垃圾填埋场进行混合填埋(含填埋场覆盖材料利用)
3	污泥建筑材料利用	制水泥	制水泥的部分原料或添加料
		制砖	制砖的部分原料
		制轻质骨料	制轻质骨料(陶粒等)的部分原料
4	污泥焚烧	单独焚烧	在专门污泥焚烧炉焚烧
		与垃圾混合焚烧	与生活垃圾一同焚烧
		污泥燃料利用	在工业焚烧炉或火力发电厂焚烧炉中作燃料利用

① 农用包括进食物链利用和不进食物链利用两种。

A　污泥土地利用

污泥经稳定化、无害化处理后,达到土地利用的标准,应积极推广污泥的土地利用,如污泥园林绿化,用来种植草皮及树木以达到防蚀保土和改善环境的作用;污泥土地改良,改善盐碱地和沙化地的性能；污泥还可以用来种植不进入人类食物链的植物，如玉米等，可用作生产工业酒精的原料。

B　污泥填埋

混合填埋指污泥与生活垃圾混合在填埋场进行填埋处置，将污泥与生活垃圾进行尽可能充分的混合，然后将混合物平展、压实，进行填埋。

单独填埋指污泥在专用填埋场进行填埋处置，可分为沟填、掩埋和堤坝式填埋三种类型。

C　污泥建筑材料利用

污泥建筑材料利用一般包括用作水泥添加料、制砖和制轻质骨料等，这几方面技术比较成熟，消纳量较大，市场前景较好，可以作为污泥消纳的手段。

D　污泥焚烧

标准认为污泥焚烧既是污泥处理又是污泥处置。因为污泥在焚烧过程中，尤其是在火力发电厂中与煤混烧，利用了污泥本身的热量，且经过焚烧后有机物完全矿化，自身性质已完全改变，符合污泥处置的定义；同时，污泥焚烧是污泥稳定化、减量化和无害化处理的过程，符合污泥处理的定义。

1.3.2.3　GB/T 23486—2009《城镇污水处理厂污泥处置　园林绿化用泥质》

标准规定城镇污水处理厂污泥园林绿化利用的泥质指标、取样和监测等技术要求，对于泥质指标，从外观和嗅觉、稳定化要求、理化指标和营养指标、污染物浓度限值和生物学指标以及种子发芽指数五方面进行了规定。

(1) 外观和嗅觉必须比较疏松，无明显臭味。

(2) 稳定化要求必须满足 GB 18918—2002《城镇污水处理厂污染物排放标准》中的相关规定。

(3) 污泥园林绿化利用时，应控制污泥中的盐分，避免对园林植物造成损害。污泥施用到绿地后，要求对盐分敏感的植物根系周围土壤的 EC 值宜小于 1.0 mS/cm，对某些耐盐的园林植物可以适当放宽到小于 2.0 mS/cm，其他理化指标应满足表 1-6 的要求，养分指标应满足表 1-7 的要求。

表 1-6　其他理化指标及限值

序　号	其他理化指标	限　值	
		酸性土壤（pH <6.5）	中性和碱性土壤（pH≥6.5）
1	pH	6.5～8.5	5.5～7.8
2	含水率/%	<40	

表 1-7　养分指标及限值

序　号	养分指标	限　值
1	总养分[总氮（以 N 计）+总磷（以 P_2O_5 计）+总钾（以 K_2O 计）]/%	≥3
2	有机质含量/%	≥25

(4) 污染物浓度限值应满足表 1-8 的要求。污泥园林绿化利用与人群接触场合时，其生物学指标应满足表 1-9 的要求，同时不得检测出传染性病原菌。

表 1-8　污染物指标及限值

序　号	污染物指标	限　值	
		酸性土壤(pH<6.5)	中性和碱性土壤(pH≥6.5)
1	总　镉(mg/kg 干污泥)	<5	<20
2	总　汞(mg/kg 干污泥)	<5	<15
3	总　铅(mg/kg 干污泥)	<300	<1000
4	总　铬(mg/kg 干污泥)	<600	<1000
5	总　砷(mg/kg 干污泥)	<75	<75
6	总　镍(mg/kg 干污泥)	<100	<200
7	总　锌(mg/kg 干污泥)	<2000	<4000
8	总　铜(mg/kg 干污泥)	<800	<1500
9	硼(mg/kg 干污泥)	<150	<150
10	矿物油(mg/kg 干污泥)	<3000	<3000
11	苯并(a)芘(mg/kg 干污泥)	<3	<3
12	可吸附有机卤化物(AOX)(以 Cl 计)(mg/kg 干污泥)	<500	<500

表 1-9　生物学指标及限值

序　号	生物学指标	限　值
1	粪大肠菌群菌值	>0.01
2	蠕虫卵死亡率/%	>95

(5) 种子发芽指数应大于 70%。

为规范污泥的园林绿化利用，提出了一些具体规定，根据污泥使用地点的面积、土壤污染物本底值和植物的需氮量，合理确定污泥使用量；污泥使用后，有关部门应进行跟踪监测；污泥使用地的地下水和土壤的相关指标应满足相应的规定；为了防止对地下水的污染，在地下水水位较高的地点不应使用污泥，在饮用水水源保护地带严禁使用污泥。

1.3.2.4　CJ/T 249—2007《城镇污水处理厂污泥处置　混合填埋泥质》

标准规定了城镇污水处理厂污泥进入生活垃圾卫生填埋场混合填埋处置和用作覆盖土的泥质指标、取样与监测等技术要求，对于泥质指标，分为基本指标和安全指标。基本指标如表 1-10 所示，安全指标中的污染物浓度限值应满足表 1-11 的要求，对于用作覆盖土的污泥泥质，也提出了基本指标和卫生学指标，其基本指标应满足表 1-12 的要求，卫生学指标需满足 GB 18918—2002《城镇污水处理厂污染物排放标准》中指标要求，还应满足表 1-13 的要求，同时不得检测出传染性病原菌。

表 1-10　基本指标限值

序　号	控 制 项 目	限　值
1	污泥含水率	≤60%
2	pH	5~10
3	混合比例	≤8%

注：表中 pH 指标不限定采用亲水性材料(如石灰等)与污泥混合以降低其含水率措施。

表 1-11 污染物浓度限值

序号	控制项目	限值	序号	控制项目	限值
1	总 镉(mg/kg 干污泥)	<20	7	总 锌(mg/kg 干污泥)	<4000
2	总 汞(mg/kg 干污泥)	<25	8	总 铜(mg/kg 干污泥)	<1500
3	总 铅(mg/kg 干污泥)	<1000	9	矿物油(mg/kg 干污泥)	<3000
4	总 铬(mg/kg 干污泥)	<1000	10	挥发酚(mg/kg 干污泥)	<40
5	总 砷(mg/kg 干污泥)	<75	11	总氰化物(mg/kg 干污泥)	<10
6	总 镍(mg/kg 干污泥)	<200			

表 1-12 用作垃圾填埋场覆盖土的污泥基本指标

序 号	控制项目	限 值
1	含水率	<45%
2	臭气浓度	<2 级(六级臭度)
3	施用后苍蝇密度	<5 只/(笼·日)
4	横向剪切强度	>25 kN/m^2

表 1-13 用作垃圾填埋场终场覆盖土的污泥卫生学指标

序 号	控制项目	限 值
1	粪大肠菌群菌值	>0.01
2	蠕虫卵死亡率(%)	>95

1.3.2.5 CJ/T 290—2008《城镇污水处理厂污泥处置 单独焚烧用泥质》

标准规定了城镇污水处理厂污泥单独焚烧时的泥质指标、取样与监测等技术要求,其中理化指标需满足表 1-14 的要求,污染物指标以浸出液最高允许浓度限制污泥焚烧的条件,同时,对焚烧炉的大气污染排放标准和恶臭、工艺废水、残余物要求等进行了规定。

表 1-14 污泥焚烧理化指标限值

类 别	控制项目			
	pH	含水率/%	低位热值(kJ/kg)	有机物含量/%
自持焚烧	5~10	<50	>5000	>50
助燃焚烧	5~10	<80	>3500	>50
干化焚烧	5~10	<80	>3500	>50

注:1. 干化焚烧含水率(<80%)是指污泥进入干化系统的含水率。
2. 在选择焚烧炉的炉型时要充分考虑污泥的含砂量。

1.3.2.6 CJ/T 291—2008《城镇污水处理厂污泥处置 土地改良用泥质》

标准规定了用于土地(盐碱地、沙化地和废弃矿场土壤)改良的城镇污水处理厂污泥泥质准入标准,有理化指标、污染物浓度指标、卫生防疫安全和营养指标等。其中理化指标需满足表 1-15 的要求,营养指标满足表 1-16 的要求。除此之外,标准还规定了要求污泥必须经过稳定化处理;在饮水水源保护区和地下水位较高处不宜将污泥用于土地改良;在污泥用于土地改良后，其施用地的土壤和地下水相关指标应符合相关规定；同时规定了污泥施用频率，每年每万平方米土地施用干污泥量不大于 30000 kg。

表 1-15 理化指标

序 号	控制项目	限 值
1	pH	6.5 ~ 10
2	含水率	<65%
3	臭度	<2 级（六级臭度）

表 1-16 营养指标

序 号	控制项目	限 值
1	总养分[总氮(以N计)+总磷(以 P_2O_5 计)+总钾(以 K_2O 计)]/%	≥1
2	有机质含量/%	≥10

1.3.2.7 CJ/T 309—2009《城镇污水处理厂污泥处置 农用泥质》

标准规定了城镇污水处理厂污泥农用泥质指标、取样和监测等要求，将污染物安全指标分为 A 级和 B 级。A 级和 B 级污泥分别施用于不同的作物，其限值指标应满足表 1-17 的要求，其物理指标和营养学指标满足表 1-18 和表 1-19 的要求。

表 1-17 污染物浓度限值

序 号	控制项目	限值/(mg/kg)	
		A 级污泥	B 级污泥
1	总 砷	<30	<75
2	总 镉	<3	<15
3	总 铬	<500	<1000
4	总 铜	<500	<1500
5	总 汞	<3	<15
6	总 镍	<100	<200
7	总 铅	<300	<1000
8	总 锌	<1500	<3000
9	苯并(a)芘	<2	<3
10	矿物油	<500	<3000
11	多环芳烃(PAHs)	<5	<6

表 1-18 物理指标

序 号	控制项目	限 值
1	含水率/%	≤60
2	粒径/mm	≤10
3	杂 物	无粒度 >5 mm 的金属、玻璃、陶瓷、塑料、瓦片等有害物质，杂物质量≤3%

表 1-19　营养学指标

序　号	控 制 项 目	限　值
1	有机质含量(g/kg,干基)	≥200
2	氮磷钾($N+P_2O_5+K_2O$)含量(g/kg,干基)	≥30
3	酸碱度 pH	5.5~9

1.3.2.8　CJ/T 289—2008《城镇污水处理厂污泥处置　制砖用泥质》

标准规定了城镇污水处理厂污泥制烧结砖的泥质指标、取样和监测等技术要求,有烧失量、放射性核素指标等要求,污泥基本指标应满足表 1-20 的要求,污泥烧失量和放射性核素指标应满足表 1-21 的要求。

表 1-20　基本指标

序　号	控 制 项 目	限　值
1	pH	5~10
2	含水率	≤40%
3	混合比例	≤10%

表 1-21　烧失量和放射性核素指标

序　号	控 制 项 目	限　值	
1	烧失量(干污泥)	≤50%	
2	放射性核素(干污泥)	$I_{Ra}\leq 1.0$	$I_r\leq 1.0$

1.3.2.9　CJ/T 314—2009《城镇污水处理厂污泥处置　水泥熟料生产用泥质》

标准规定了城镇污水处理厂污泥用于水泥熟料生产的泥质指标、取样和监测等技术要求,有稳定化、理化指标等要求,还推荐了污泥用量和熟料产量的关系。污泥用于水泥熟料生产时,其理化指标应满足表 1-22 的要求,污泥用于水泥熟料生产时,若随生料一同入窑,污泥的推荐用量如表 1-23 所示,若从窑头喷嘴添加污泥,污泥的含水率必须低于 12%,且污泥的粒径小于 5 mm。污泥只能从水泥熟料煅烧工艺段加入。

表 1-22　理化指标限值

序　号	控 制 项 目	限　值
1	pH	5~13
2	含水率(%)	≤80

表 1-23　污泥推荐用量与熟料产量的关系

类　别	熟 料 产 量	含水率(%)	低位热值(kJ/kg)
干法水泥生产工艺	1000~3000 吨	35~80	<10
		5~35	10~20
	3000 吨以上	35~80	<15
		5~35	15~25
湿法水泥生产工艺	无限制	80	<30

注:1. 立窑、立波尔窑等不推荐用城镇污水处理厂污泥生产水泥熟料。

2. 日产 1000 吨熟料以下的干法水泥生产线,不推荐用城镇污水处理厂污泥生产水泥熟料。

1.3.2.10　CECS250:2008《城镇污水污泥流化床干化焚烧技术规程》

本技术规程适用于流化床干化焚烧方法集中处置污泥的新建、改建和扩建工程及企业自建污泥流化床干化焚烧处置工程。该规程中根据我国第一个大型污泥干化焚烧厂——上海市石洞口污泥处理厂获取的运行经验，从污泥的接收、储运、干化、焚烧到烟气净化、灰渣处置，都给出了具体的技术指标，对选择污泥干化焚烧处理技术的各个方面都有实际的指导意义。上海石洞口污泥处理厂采用的是流化床干化技术，规程中很多技术性的叙述对其他污泥干化形式也具有一定的借鉴意义。本规程主要内容有：总则，术语，污泥接收、分析鉴定和贮存，污泥流化床干化焚烧系统，公用工程，环境保护和劳动卫生，运行管理七大部分。

规程中对污泥处置、污泥干化、污泥焚烧、焚烧锅炉等基本术语进行了规定，其中热酌减率、燃烧温度、燃烧效率等术语与生活垃圾及危险废物处置标准的规定基本相同。由于篇幅原因，在此仅对污泥干化焚烧系统进行解读，其他内容不再赘述。

A　污泥的接收、分析鉴定和贮存

干化焚烧厂应设进厂污泥计量设施。地磅的规格应按运输车最大满载重量的1.7倍设置。干化焚烧工程应设置化验室，并配备污泥特性鉴别及污水、烟气和灰渣等常规指标监测和分析的仪器设备。

化验室所用仪器的规格、数量及化验室的面积应根据焚烧厂的运行参数和规模等条件确定。污泥特性分析鉴别应包括：含水率；固定碳、灰分、挥发分、水分、灰熔点、低位热值；元素分析和有害物质含量；特性鉴别（腐蚀性、浸出毒性、急性毒性、易燃易爆性）。污泥采样和特性分析应符合HJ/T 20《工业固体废物采样制样技术规范》中的有关规定。

污泥贮存容器应符合下列要求：应使用符合国家标准的容器盛装污泥；贮存容器必须具有耐腐蚀、耐压、密封和不与所贮存的污泥发生反应等特性。贮存容器应保证完好无损并具有明显标志。污泥贮存应综合投资运行成本以及使用年限等因素，选择混凝土结构或钢结构形式。因脱水污泥流动性较差，设计应选择合适的排泥方式，避免桥架。还有需要注意的是，污泥在贮存过程中会产生沼气等可燃性气体，而工程建设时往往忽略对此部分气体进行收集和处理。

B　干化焚烧系统

污泥输送一般采用螺杆泵或柱塞泵两种。选型时兼顾最大处理量、管道材质和弯头数，布置时尽量缩短输送距离，降低动力消耗。流化床较适合对污泥全干化处理，85℃的干化温度可以增强系统操作的安全性，同时干化效率可达95%。干化工艺必须要有一套完备的控制系统，包括循环气体控制、干污泥控制和传热介质控制三方面。

(1) 循环气体控制要素包括通沟流量调节控制循环气体的相对湿度和含湿量，通沟补充惰性气体控制循环气体中的含氧量和干燥温度等。

(2) 干污泥控制要素包括惰性环境的控制、干污泥料仓内部压力的控制、各干污泥输送设备的控制和干污泥冷却装置的控制。

(3) 传热介质控制要素包括干燥工艺通常采用的热媒有导热油和饱和蒸汽，导热油系统的设计和运行应遵循《有机热载体炉安全技术监察规程》，饱和蒸汽系统应遵循《锅炉房设计规范》。

焚烧系统相关规范较多，主要参照生活垃圾焚烧相关标准编制。系统主要包含：干污泥和辅助燃料进料系统、锅炉焚烧系统（助燃油系统、助燃风系统、炉渣系统等）、炉内脱硫系统等。

C　辅助系统

辅助系统包括水系统、压缩空气系统、氮气保护系统、导热油系统。

D　烟气净化系统

污泥干化焚烧系统必须配备烟气净化系统，以确保尾气的达标排放。烟气净化系统主要有脱酸系统和布袋除尘系统。同时，该技术规程中建议：

(1) 污泥集中流化床干化焚烧工程建设规模的确定和技术路线的选择，应根据污水处理厂污泥的产生量和成分特点、城市社会经济发展水平、城市总体规划、环境保护专业规划以及焚烧技术的适用性等确定。

(2) 污泥集中流化床干化焚烧工程项目的建设，宜近远期结合，统筹规划，以近期为主。建设规模、布局和选址应进行技术经济论证，环境影响评价和环境风险评价，进行综合比选。

(3) 污泥集中流化床干化焚烧工程应采用成熟可靠的技术、工艺和设备，并做到稳定运行、维修方便、经济合理、管理科学、环境保护、安全卫生。

(4) 污泥焚烧以污泥无害化、减量化为基本原则和主要目标，污泥焚烧产生的热能可采取适当形式利用。

1.4　国内外污泥处理与资源化应用进展

1.4.1　国外污泥处理与资源化应用进展

随着全球经济的不断发展、人口剧增，市政污水处理厂的建设规模与处理程度也在不断扩大和提高，从而导致污泥的产量与日俱增。在全球普遍倡导的可持续发展战略的影响下，污泥作为一种可以回收利用的资源与能源的载体，对它们的处理处置正朝着无害化、减量化、稳定化、资源化的方向发展。

不同地区、不同国家的经济发展水平和环境保护法规各不相同，因此，对污泥处理、处置的方法和管理办法也不尽相同。但唯一能获得的共识是：应终止污泥粗放或简单的任意排放，以避免对环境和人体健康造成不利影响；应将污泥有效回用，以达到可持续发展的目的。

许多工业发达国家已确定了污泥循环利用的技术策略，主要指污泥回用至农业、森林或地表修复等途径，但是必须对污泥连续应用可能带来不利于土壤结构的问题进行长期观察。也有一些工业发达国家，例如日本已对污泥处理方法进行了升级，该国早在20世纪末已不再青睐污泥广泛回用于农业的做法，取而代之的是将污泥进行高温处理——热干化与焚烧。韩国也积极开发污泥用于制造水泥的技术。

为数众多的发展中国家对污泥处理的近期目标仅仅是就近建设最基本的分散式处理设施，维持这些设施的安全、有效运行。

1.4.1.1　欧洲

欧盟各成员国所采用的污泥处理处置方法差别很大，其中采用填埋方法处置污泥的比例（至2008年）最低为8%（英国），最高为90%（希腊、卢森堡）；农业利用的比例最低为10%（希腊、爱尔兰），最高为60%（法国）；焚烧比例最低为1%（意大利），最高为24%（丹麦）；仅有三个国家采用填海处置方法，比例最低为1%（西班牙），最高为35%（爱尔兰）。

欧盟最初的废物处理法令（86/278/EEC）只要求将废物处理分为三个等级，即再使用、再循环与土壤恢复。考虑到公众对废物处理分三个等级能否满足环境保护的质疑，欧盟于

2006 年把此法令的三个等级增加到了五个等级,即环境保护、再使用、再循环、土壤恢复和最终处置;相应制定了严格的标准,以尽可能地降低污泥填埋给环境带来的不利影响,特别是对地表水、地下水、土壤、空气和公众健康的影响。此标准定义了废物的不同分类(市政废物、危险废物、无危险废物和难降解废物),并且规定了废物的处置地点和填埋方式(表面填埋和深度填埋)。

由于污泥填埋存在许多问题,所以鼓励采用更好的污泥处理处置方法——污泥的农业利用。西欧各国通过严格的法规,倡导污泥的农业利用,在保护土壤、消除污泥不利影响的同时,最大限度地发挥污泥回用于农业的使用价值。欧洲环保委员会在环境保护法令中指出,污泥回用于农业必须是安全的,污泥中不应含有对农作物有害的病原菌。然而,公众却对该污泥管理策略颇有微词,甚至提出了严重质疑。公众担心污泥农用对环境的影响主要体现在:(1) 不能满足农作物的营养要求;(2) 不利于对地表水、地下水的保护;(3) 污泥中的氮可能造成地下水的污染。

对于工业废水处理过程中产生的污泥,因其含有重金属等有害成分而不宜农用,否则会在一段时间内影响土壤结构,对农作物和人类健康造成极大危害。在这种情况下,有关污泥焚烧的处理方法在欧洲的一部分地区还是受到了相当程度的重视。

随着东欧一些国家成为欧盟的成员国后,其污水处理厂的处理规模不断扩大,这些国家的污泥处理处置已经进入一个快速发展时期。根据立法规定,欧盟新成员国都要改变原有法规,使其与欧盟现行法规一致,新法规对污泥最终处理处置和农用及卫生安全方面的限制非常严格,而欧盟以外其他国家的法规则要求相对较低。

目前,东欧各国污泥产量迅速增长,波兰 2007 年的干污泥排放量为 50×10^4 t/a,预计 5 年后会增加至 80×10^4 t/a,而到 2015 年污泥的数量会增加 2 倍多。与西欧国家相比,波兰更多的是采用高温厌氧消化产生沼气,使用沼气产生的能量焚烧,最后剩余的灰分可用于建筑行业作为建材使用。

俄罗斯和土耳其在废物处理、环境保护等方面与欧盟采用相同的法规,并不断更新旧法规、完善新法规。俄罗斯联邦政府公布的污泥产生量为 8000×10^4 t/a,主要采用自然干化床处理,封闭干化床一般被用于寒冷潮湿的地区,或用于要求减少占地空间和消除气味的地区。土耳其的法规制定受欧盟的影响较大,包括浓缩、稳定、脱水和干化在内的现代化处理技术也已应用到污泥处理过程之中,同时通过焚烧将灰分回用于建筑材料。

1.4.1.2 北美洲

生物固体(污泥)管理政策的制定和实施吸引了北美各国政府和民众的更多注意力,但能否用于工程实践还需要更多科学验证。这说明污泥的使用价值和风险并存,该情况虽给污泥管理者、环境保护者及民众和政府较大信心,但也存有部分疑虑。美国国家环保局以保护公众健康和环境为目的,在"503"条款《Section 503 of Clean Water Act Amendments》中制定了市政污泥管理政策。此管理政策是建立在公众风险评估和 25 年以上独立研究基础上的,并制定了生物固体中病原菌的灭除标准和重金属容许浓度标准。对于污泥能否作为有益于土壤的改良剂,"503"条款制定了严格标准,鼓励有益的污泥回用。

污泥中含有大量的氮、磷、钾及其他有益的微量元素,并富含有机物质,因此,适当的回用可改善土壤质量,提高农作物的产量,减少土壤腐蚀。污泥可通过焚烧、表面处置、填埋等方法回用,或者作为土壤改良剂回用。

尽管加拿大和美国的污泥产生量相差很大（美国干污泥产生量为 760×10^4 t/a，加拿大干污泥产生量为 40×10^4 t/a），但它们遵循相同的限制条件。美国的质量控制政策和法规属整个联邦政府管辖，而在加拿大则分属各省管辖。加拿大多数省像美国联邦政府一样，采用三等级质量系统，把污泥分门别类地应用于农业土地，相关处理过程也非常相似。加拿大对其他污染物的控制也日趋严格。针对处理过程中二恶英类物质在污泥抗菌剂中的聚集、病原菌的再生和继续生长以及处理过程中的臭气等问题都在进一步研究之中。

1.4.1.3　拉丁美洲

该地区 5.2 亿人口中约 40% 的人处于贫困之中，0.75 亿人的饮用水不安全，1.16 亿人没有足够的卫生设施，这些问题主要与水的供应有关。同时，恶劣的环境卫生条件往往与污水输送和处理相关。据世界水协估计，南美现有的污水处理厂仅处理了所产生总污水量的 10% 左右，而能完全达标排放的还不到 2%。因此，该地区污泥产生量很小，影响了污泥管理的迫切性。而污泥只经市政设施简易处理，给公众健康带来了一定的风险。

阿根廷、巴西、智利、哥伦比亚、墨西哥等一些国家参照美国国家环保局制定的“503”条款也相应制定了各自的法规，但是由于制度上的软弱导致执行上出现了较大的困难。

1.4.1.4　亚洲

A　日本和韩国：焚烧、热干化、填海转向堆肥、焚烧灰分利用

日本早在 20 年前就开始采用最先进的热干化和污泥焚烧处理方法，韩国则一直将大量的污泥（占污泥总量的 77%）填海处理。由于热干化和污泥焚烧处理的能耗高，且为满足严格的尾气排放标准，进一步导致处理成本提高，所以日本已转向制定新的污泥管理政策，这将对污泥的安全排放起到重要作用。韩国将从 2008 年开始禁止污泥填海处理，而现行法律又不容许在农业土地上使用污泥堆肥产生的肥料，因此韩国也在寻求新的污泥处理方法。

目前，日本已制定了大区域污泥处置和资源利用的 ACE 计划：A（Agriculture）——污泥无害化后用于农业、园林或绿地；C（Construction use）——污泥焚烧后将灰分制成固体砖或其他建筑材料；E（Energy recovery）——利用污泥发电、供热。堆肥将在今后日本污泥处理中占相当份额，污泥用作发电厂燃料也具有应用前景。然而，堆肥处理还存在一些难以解决的问题，如污泥中的重金属问题。日本农民已了解和接受了动物粪便堆肥后作为肥料在市场上所具有的竞争力。目前，日本焚烧灰分利用率已经达到污泥总使用率的 27%，并呈继续增长趋势。

焚烧灰分在韩国也具有较好的应用前景，目前，已有 17 家水泥厂采用污泥焚烧灰分作为水泥的主要原料。热干化和焚烧处理也会成为韩国污泥处理发展方向。韩国也在尝试污泥作为蚯蚓饲料，或与混凝剂混合后作为一种保护性地表层等其他应用。

B　亚洲其他国家：简单处理转向填埋、农业使用

从拥有 430 万人口的新加坡到拥有 7800 万人口的越南，几乎均采用简单的污泥处理方法。越南只有胡志明市建有 1 座市政污水处理厂（另外还有 6 座规划建设中的市政污水处理厂），剩余污泥直接排入氧化塘处理，从该市 15 个工业园废水处理厂排出的污泥只采用带式机和离心机进行脱水处理。相比之下，新加坡全部污水均被收集并集中处理，所产生的污泥中除一小部分用作土壤调节剂外，其余部分则与城市垃圾一同进行填埋处理。

马来西亚计划到 2022 年污水收集和处理率达 85%，预计干污泥产量会增加 1 倍，与此同时，将减少干化床和氧化塘的使用数量，取而代之的是在三个规划中的集中式污泥处理厂

进行机械脱水处理,最终将污泥进行填埋或农业使用。

1.4.1.5 非洲

据报道,非洲多个国家已建立了分散式污水处理系统,如氧化塘系统(加纳、贝宁和马里)、人工湿地(马里)、氧化塘综合处理(布基纳法索)、污水氧化塘综合处理(博茨瓦纳、坦桑尼亚)、活性污泥处理厂综合处理(南非)。

与非洲大陆多数国家不同,南非拥有的污水处理厂超过900座,污泥以各种传统方式得到了妥善处理,而且处理受到国家法律和标准的严格约束。

1.4.1.6 大洋洲

澳大利亚和新西兰通过努力把有益的农田使用作为主要的污泥最终排放方式。澳大利亚已经很好地提高了此方法的使用率,其中6个主要城市中的5个(占国家人口50%的居住地)几乎将所有的污泥都进行了农业利用,只有墨尔本的污泥采用堆填方式。新西兰仍然采用填埋方法处理大部分污泥,但在奥克兰(约产生整个新西兰污泥产生量的50%,目前全部填埋)针对污泥的出路已开展了许多有益的研究,据称其中一些相当有效。

1.4.1.7 国外污泥处理发展启示

尽管世界各地对污泥的处理处置和管理措施不尽相同,但最终的目的都是使污泥经过减量、稳定和无害化处理后作为资源加以综合利用。污泥处理和利用应同时考虑环境、经济、社会三方面的因素,污泥作为一种有价值的资源,进行稳定化、无害化处理后再利用,既解决了污泥的出路问题,又开发了新的资源,满足了可持续发展的需求。

结合全球普遍倡导的可持续发展理念,可以预见:生物处理和焚烧→灰分利用将是未来对污泥处理处置的目标。当然,各地区应根据各自经济发展水平,制定和实施目前适宜的处理处置技术,但选择具体方法时应及早考虑短期适用目标与未来发展目标的渐进衔接。

1.4.2 国内污泥处理与资源化应用进展

国内污水处理事业虽有较大的发展,但污泥处理处置起步较晚,城市污泥处理处置问题直到20世纪90年代才被提上议事日程。长期以来,受我国污水处理界“重水轻泥”倾向的影响,污水处理厂的建设往往只注意污水处理要达到排放标准,对污泥处理和处置,在设计中一般只提将脱水污泥外运和综合利用,污泥的卫生化、无害化处理处置问题一直未得到重视与解决。

随着近些年来我国城市化步伐的加快,城市生活污水的处理能力和污泥的产生量急剧增长。至2009年3月,全国城市、县和部分镇共建成污水处理厂1590座,处理能力达$9204\times10^4\ m^3/d$,按污泥产生量约占处理水量的0.3%~0.5%(以含水率为97%计),全国城市污水处理厂污泥产生量约$(28\sim46)\times10^4$ t/d(以含水率97%计)。

我国的污泥处置目前以填埋、农业使用为主。虽然,堆肥、复合肥的研究不少,但生产规模都较小,国内污泥综合利用实例不多,大规模污泥的处置问题仍停留在技术研究层次。不论何种处置方法,减小体积、提高含固率都是污泥处置难以回避的重要环节。

目前,城市污水处理厂污泥填埋造成的问题较多:一是消耗大量的土地资源,不少城市很难找到新的填埋场;二是产生大量的渗滤液,由于污泥含水率较高,加剧了垃圾填埋场渗滤液的污染,大部分混合填埋的垃圾场存在拒收污泥的现象;三是对填埋场产生的气体进行资源化利用的填埋场较少,填埋产生的废气不仅污染环境,还存在安全隐患。

污泥农用存在一定的隐患和风险，而我国关于污泥农用风险的研究体系尚不健全，对于污泥处置的风险研究主要涉及污泥土地施用对植物的影响、重金属从土壤到植物的迁移和重金属、氮、磷在土壤中的迁移等方面，可用数据不充分，这些数据通常是基于短期（1～3年）的试验获得，而长期（10年以上）的田间试验数据较为缺乏，若用短期的试验数据预测长期的影响，其本身就存在一定的风险。此外，污泥土地施用后对周围相关暴露人群的影响资料和可用数据几乎为零。

污泥建材利用是污泥资源化方式的一种，主要包括利用污泥及其焚烧产物制造砖块、水泥、陶粒、玻璃、生化纤维板等。我国在污泥建材利用发展方面较落后，虽然在污泥制砖方面的研究较多，但实际的工程应用不多。

针对污泥现状，自2003年始，国内主要大城市开始尝试进行污泥处理处置专项规划，对其技术方案进行了系列论证，如：

广州市近期采取无害化处理后制砖，远期将用于农肥；

深圳市已完成污泥专项规划，拟采用热干化＋焚烧工艺；

上海市则根据不同情况，采取处理分散化、处置集约化、技术多元化的方针；

天津市规划建设3座污泥处理场，采用污泥消化发电工艺，但尚无污泥最终处置的方法；

北京市2008年日污水排放量高达2000 kt多，年800 kt城市污泥的无害化处置和合理利用迫在眉睫；土地利用将是其主要发展趋势之一；

重庆市三峡库区污水处理厂污泥处理处置工艺，拟采用半干化＋填埋工艺。

以下是对主要城市污泥处理处置技术路线的介绍。

上海市污泥处理处置以污水处理系统的区域为基础，采取处理分散化、处置集约化、技术多元化的方针。在处理技术方面，根据各区域不同情况，因地制宜，各自采用了适当的处理工艺技术，如石洞口、竹园区域采用了污泥脱水＋干化＋焚烧处理技术，而白龙港区域则采用了污泥厌氧消化＋干化处理技术。在处置技术方面，结合上海地理位置的特点，在绿化、森林、固体废弃物和滩涂规划的指导下确定上海污泥处置的主要途径，垃圾填埋场覆盖土、园林绿化用土、制作建材、制作肥料、滩涂填土和盐碱地改良等是上海污泥的主要处置途径。上海污泥处理处置规划中，脱水＋干化＋焚烧＋建材利用和脱水＋固态好氧发酵＋土地利用这两种处理处置方案是主要工艺，且规模较大的污泥处理厂（污泥（DS）量不小于60 t/d）大部分均考虑采用脱水＋干化＋焚烧＋建材利用的处理处置方案。而规模较小的污泥处理厂一般采用脱水＋固态好氧发酵＋土地利用。

北京市污泥处理处置比较多样化，主要有污泥堆肥、污泥热干化、污泥焚烧、污泥制作建材等。此外，北京市将重点研究城市污泥无害化处理技术、污泥无害化农用技术、污泥建材化利用技术。在其专项规划中，土地利用将是主要发展趋势。

天津市现已运行生产的污水处理厂共有4座，污泥处理均采用中温厌氧消化技术，使污泥能基本稳定，然后将消化污泥脱水，使含水量降低到70%～80%之间。但脱水后的污泥没有合适的最终处理方式，只通过各种渠道运至城郊倾倒。

广州市污泥出路规划近期以污泥综合利用为主，污泥焚烧为辅，污泥填埋作为配套；远期以污泥焚烧为主，污泥综合利用为辅，污泥填埋作为配套。

深圳市已完成专项规划，拟采用热干化加焚烧工艺。基本思路就是利用发电厂余热干化污泥，而干污泥作为低品质燃料送小型发电厂焚烧，目前项目正在实施中。

1.4.3 国内污泥处理与资源化应用启示

污水处理厂的污泥问题已经成为目前我国亟待解决的环境问题之一。城市污水处理厂的污泥处理与处置问题不仅仅是一个技术层面需要进行进一步研究的问题,而且还是一个观念上需要进一步重视、资金上需要进一步扶助、政策上需要进一步倾斜的环境问题。

目前,在国内城市污水处理厂的建设和运行中存在不少问题,以BOT、TOT等为代表的融资方式和建设、运行方式日益兴起,这在一定程度上解决了国家市政、环保建设的资金缺口,可是如果新建和已建的污水处理厂只重视污水的处理,而忽视了污水处理过程中产生的污泥的处理,那么其结果只能是表面上解决了水污染问题,实际上却造成了严重的污泥问题,而后者在根本上又造成了地下水等水体污染,如此造成的恶性循环将对我国的环境保护造成极大的伤害。

根据对当前污泥处理与处置的研究和应用现状的考察,可以得到以下几点关于污泥处理与处置的发展现状及其启示:

(1) 污泥处理日益被人们所重视,以上海石洞口污泥干化焚烧工程为代表的污泥处理处置项目的建设,标志着我国污泥处理与处置已经进入工程实施阶段;

(2) 在污泥浓缩处理中已经渐渐淘汰效率低、占地大的污泥重力浓缩池,取而代之的是机械浓缩设备的应用和浓缩 - 脱水一体化装置的大量应用;

(3) 目前,国内污泥脱水设备以带式压滤机为主,而且目前国内的带式压滤机的产品性能已逐渐向国际产品靠拢,并且向浓缩 - 脱水一体机方向发展。离心脱水机因其脱水效率高、占地小等优点在国外应用很多,目前,国内也已经开发了大型、高效的离心脱水机械,随着技术的进步,离心脱水机噪声大等缺点逐渐被消减,其应用前景还是比较好的;

(4) 污泥干化技术在国内应用不多,相关的设备生产厂商也比较少,国内的技术水平与国外相比还存在比较大的差距。国外的污泥干化技术设备种类很多,但是由于在国内的应用较少,所以在选择的时候还应当慎重,同时,应该考虑与后继污泥处置工艺的衔接。鉴于国外产品昂贵的价格,在现阶段引进国外技术、开发自主产品比单纯进口国外产品更适合我国国情,或者投入一定的精力和经费研究开发适合我国国情的污泥干化技术设备。

1.5 国内外典型污泥处理工程案例简介

1.5.1 国外典型污泥处理工程简介

1.5.1.1 德国汉堡 Köhlbrandhöft-Dradenau 污水处理厂

德国汉堡 Köhlbrandhöft-Dradenau 污水处理厂每年要处理将近 73000 t 污水处理厂污泥(绝干量),加上接收外部企业的 11000 t 污泥,每年共需处理 84000 t 污泥。

Köhlbrandhöft-Dradenau 污水处理厂处理规模为 400000 m^3/d。初沉污泥量为 2970 m^3/d,污泥浓度为 3.5%,干物质(按 DS 计)量为 104 t/d;剩余污泥为 14.580 m^3/d,污泥浓度为 0.7%,干物质(按 DS 计)量为 102 t/d。采用厌氧消化稳定法处理污泥。

KETA 污泥脱水和干化厂于 1992 年投入运行,其目的是为了大幅度降低消化污泥的含水率。脱水和干化厂配有 6 台大型离心脱水机,单台处理量(按 DS 计)为 1.5 ~2 t/h;6 台转盘式蒸汽干化机,单台蒸发量为 3500 kg/h;污泥先经过预加热再行脱水,污泥含水率从 97% 降至 80% 左右。脱水后的污泥,通过干化,进一步降低污泥含水率至 58%。

1997 年，VERA 污泥焚烧厂正式投入运行，干化后的污泥和栅渣在污泥焚烧厂进行焚烧和热利用。3 套独立的流化床焚烧流水线，单台规模（按 DS 计）为 3 t/h。

汉堡水务集团（Hamburg Wasser）属下的 HSE 公司（Hamberg Public Sewage Company）开发了一种通过污泥处理工艺将废物转化为能源丰富的燃料的技术。污泥经过消化、脱水和干燥后再进行焚烧，通过燃气和蒸汽涡轮机组合工艺发电和产热。这些能量能满足污水处理厂 100% 的供热需求和 65% 的电力需求。焚烧产生的残渣、灰分和石膏可作为建筑材料。通过这种方法，99.98% 的污水处理厂产泥被循环利用。

将输出功率约 5MW 的沼气透平机燃烧的沼气尾气用于后续的热回收蒸汽发电机。借助于网格燃烧器，热回收蒸汽发电机的产气量提高到 22 t/h。这些蒸汽被用于输出功率约 5MW 的蒸汽透平机。

污泥焚烧厂已安全运行十余年，尚未进行较大的改造。为了提高污泥焚烧厂的效率，调换料仓的进料链条输送机，增建卡车污泥接收站，改变蒸汽透平机叶片，增添 1 台 2MW 电效率的沼气发动机和建造尾气处理活性炭过滤器（去除硅氧烷）。

1.5.1.2　德国斯图加特污泥焚烧厂

斯图加特市在 1992 年建造了一期污泥半干化 - 焚烧处理厂，使用了 3 台转盘式干燥机，每台干燥机平均处理量（按干泥计）为 2000 kg/h，进泥含固率为 22%，出泥含固率为 45%。

2005 年又建造二期工程（如图 1-1 所示），增加 2 台转盘式干燥机，每台干燥机平均处理量（按干泥计）为 2000 kg/h，进泥含固率为 22%，出泥含固率为 45%。

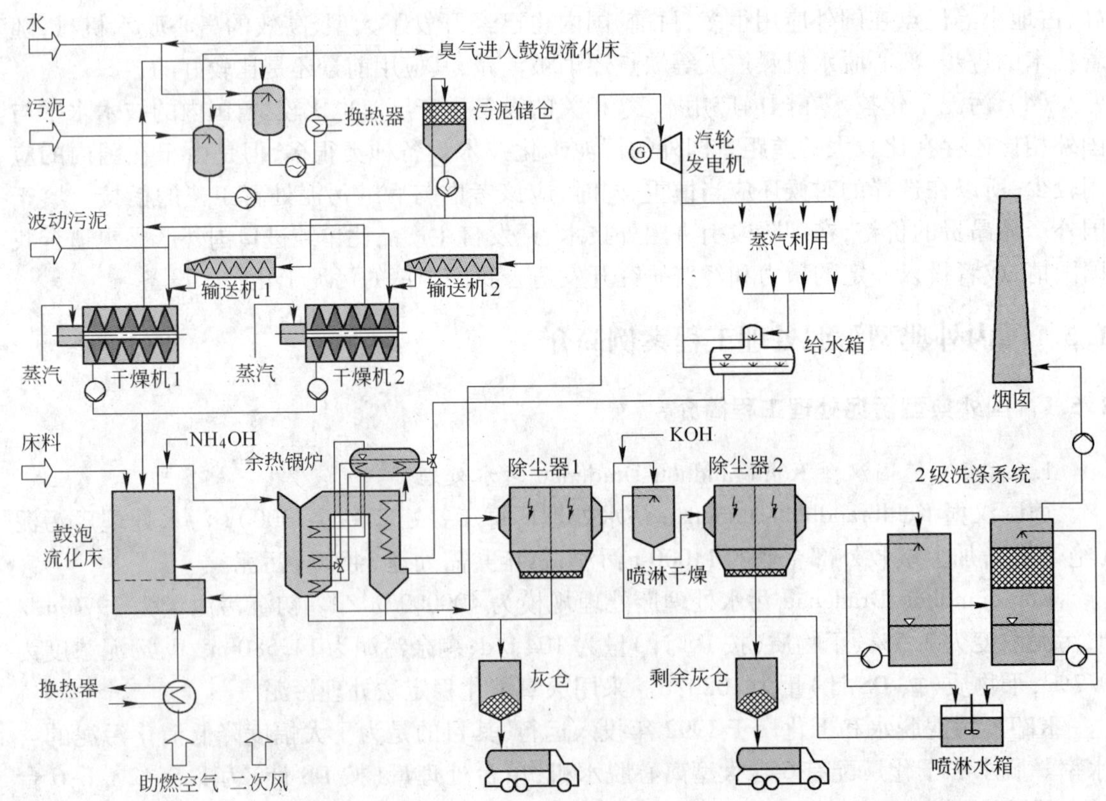

图 1-1　斯图加特二期工艺流程

在二期工程里，经过半干化的污泥被送进1台鼓泡式流化床焚烧炉，作为唯一的燃料燃烧。焚烧炉产生的高温烟气经过余热锅炉放出热量，得到高温干蒸汽，这些蒸汽用来推动汽轮机发电，发电量约1MW。从蒸汽轮机排出的、已做功的较低温度的蒸汽，仍带有大量热能，被用于焚烧前的污泥半干化，并足够半干化使用。

提供给转盘式干燥机的饱和蒸汽压力约为0.26 MPa，温度为140℃。总换热面积为432 m^2，平均水蒸发量为4646 kg/h。

1.5.1.3 英国 Beckton 污泥焚烧厂

Beckton 污泥焚烧厂每天处理能力为94000 t 干固体，污水处理厂污泥经过板框压滤脱水，进入3条独立的焚烧线进行热利用。焚烧采用流化床焚烧，每条焚烧线处理规模（按 DS 计）为4.5 t/h，供热量为3×16MW 涡轮发电机，供电量为1×8.5 MW，燃气量为3×49000 m^3/h。

1.5.2 国内已建典型污泥处理工程简介

近年来，国内陆续建成运行了一部分有特色的污水污泥处理处置工程，这些工程具有探索性、前瞻性和典型性的特点，这些工程的实施和运行，为国内开展类似工程提供了有效借鉴和运行数据，为国内进一步开展类似工程具有开拓性的重要意义。下面就这些典型污泥处理工程作简单介绍。

1.5.2.1 上海市石洞口城市污水处理厂污泥焚烧

上海市石洞口城市污水处理厂总处理水量为40×10^4 m^3/d，日产干基污泥量（按 DS 计）为64 t/d。污泥脱水后含水率约为75%～80%。污泥的干基灰分含量设计为34.37%，干基可燃分含量设计为65.63%，污泥低位干基热值设计为14859 kJ/kg。

石洞口污泥处理采用的污泥处理工艺流程如下：

污泥调蓄→螺压浓缩→脱水→干化→流化床焚烧→烟气处理及灰渣外运填埋，配置1台流化床干化机和3台流化床焚烧炉，2004年7月开始运行。其中，干化+焚烧处理工艺流程如图1-2所示。

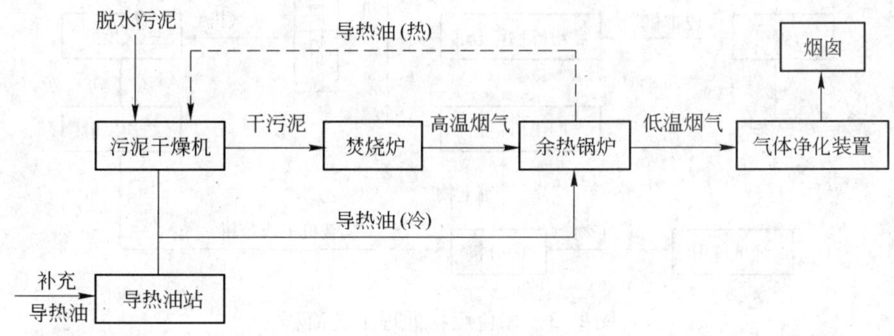

图1-2 石洞口污水处理厂污泥处理工艺流程

污泥干化+焚烧处理的工艺流程：脱水污泥经干化机干化，将含水率降低到约10%后进入焚烧炉焚烧。污泥焚烧产生的热量通过余热锅炉加热导热油并作为污泥干燥机的加热介质用于干化脱水污泥。导热油通过污泥干燥机内的热交换器将热量传递给污泥，并被冷却，然后送回余热锅炉内加热循环利用。污泥焚烧产生的高温烟气经过导热油余热锅炉冷却后再经过烟气净化装置和烟囱排入大气。

石洞口污泥处理工程在污泥干化焚烧章节中将作详细介绍，目前该工程运行状况良好，但因石洞口片区污泥处理量的增大，目前拟进行扩建工程。

1.5.2.2　奥林匹克森林公园化粪池污泥与绿化废物共堆肥示范工程

北京奥林匹克森林公园，投入运营后公园粪渣（含水率为80%）年产生量约为295 t；绿色废物总量为2313 t。如果直接填埋，不但是一种资源浪费，而且增加环境污染。鉴于此，奥林匹克森林公园绿色废物处理中心决定利用园内树叶、树枝、芦苇等绿色废物作为骨料，与园内化粪池污泥进行共堆肥，以期解决园内废物的污染问题，实现粪渣“零”排放，同时部分解决公园肥料来源问题，减少市政绿化的化肥施用量。并据此对污泥与绿化废物共堆肥示范工程进行了初步设计，设计方案会根据实际情况有所变化。

A　工程概况

该示范工程设在北京奥林匹克森林公园内，位于公园北区的东北角，远离公园中央区域和公园的休闲娱乐区域。工程占地面积约3000 m^2。服务范围主要为奥林匹克公园内产生的园林废物，主要来自湿地收割的水生植物、林地的枯枝落叶、草地修剪物，还有少量的人为产生的有机废物。主要生产用构筑物包括：原料堆放场、预处理车间、一次发酵车间、二次发酵车间、复合肥车间、成品仓库和菌种车间。堆肥产品主要用于奥森公园的园林绿化。

B　处理规模

该示范工程设计处理规模约为3000 t/a。其中，投入运营后公园化粪池污泥（含水率为80%）年产生量约为295 t；绿色废物总量约为2313 t，包括树木约1242 t，草地约685 t，湿地植物约386 t。

C　工艺流程

奥林匹克森林公园化粪池污泥与绿化废物共堆肥示范工程基本工艺流程如图1-3所示，具体包括：

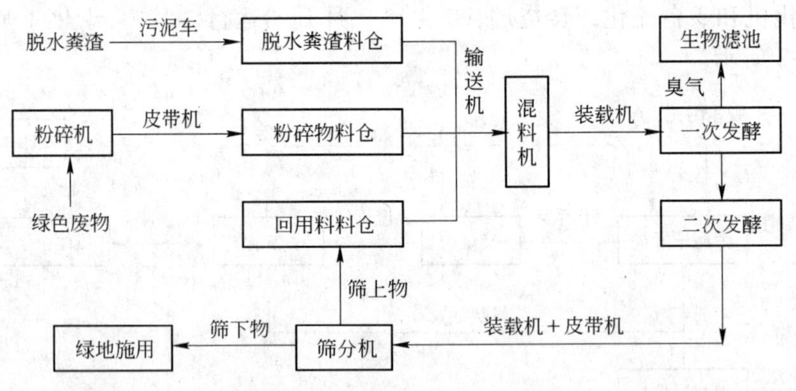

图1-3　绿色废物处理工艺流程

（1）预处理系统：对物料进行检查、过磅、堆放、晾晒、人工分拣、破碎、混合等处理；

（2）堆肥系统：将污泥与绿化废物混合物料运至一次发酵车间进行封闭式强制通风发酵15天左右，然后将一次发酵后混合物料运至二次发酵车间进行自然通风二次发酵30～50天；

（3）复合肥生产系统：将二次发酵产物粉碎和筛分，未腐熟物回流到一次发酵车间继续发酵，腐熟物可加入化肥或微生物菌剂，混合后形成复合肥，装袋贮存，用于奥林匹克森林公园园林绿化；

（4）除臭系统：堆肥气体通过管道从一次发酵车间抽出，导入除臭过滤器进行处理。

D 工程设计

a 原料堆放场

原料堆放场用于堆放奥森公园的绿化废物，设计处理规模为 30 t/d。物料占地面积约为 150 m^2/d。考虑 4 天存料，所需料场面积约 600 m^2。最终确定堆料场的面积为 $B\times L=$ 15 m×45 m=675 m^2。

b 预处理车间

设计预处理车间一座，面积为 9 m×15 m=135 m^2。装配破碎机一台，处理能力为 2～4 t/h，可将物料破碎至 2～8 cm。

c 一次发酵车间

一次发酵车间包括仓体、通风系统、渗出水收集处理系统和堆肥气体收集处理系统。通风系统由高压鼓风机、通风管道、通风沟组成。初步确定单个发酵车间的尺寸为长×宽=7.7 m×4.5 m，根据需要确定发酵车间个数为 8 个，总面积为 277.2 m^2。一次发酵主要设计参数：发酵周期约 15 天；体积减容 40% 以上；含水率为 55%～65%；堆体温度达到 50～55 ℃以上，并持续 5～7 天。

d 二次发酵车间

二次发酵所需体积取上限为 600 m^3，设定堆高为 1.5 m 左右，所需堆料面积为 400 m^2。二次发酵车间宽为 16.8 m。根据铲车操作空间为水平方向 4 m，垂直方向 2.9 m。同时考虑其他作业需要，确定二次发酵车间面积为 $B\times L=$ 16.8 m×36 m=604.8 m^2。二次发酵主要设计参数：二次发酵周期 50 天；条跺式发酵方式；机械翻堆。

e 堆肥气体处理系统

生物过滤器采用双层过滤结构，占地 200 m^2，过滤材料采用有机无机复合填料和吸附材料。

f 复合肥生产车间

复合肥生产车间面积为 $B\times L=$ 12 m×16.8 m=201.6 m^2。

g 仓库

仓库用于贮存肥料产品。面积为 $B\times L=$ 30 m×16.8 m=504 m^2。

1.5.3 国内部分在建污泥处理处置工程简介

随着对污泥危害认识的逐渐提高，国内主要城市都开展了富有成效的工作，并开始了污泥处理厂或污泥处置中心的建设或前期研究。大多数污泥处理工艺采用消化生物处理工艺及干化焚烧工艺，总体工艺比较先进。下面列举一部分污泥处理工程，截至 2009 年底，均为在建项目。其中的数据可能与今后实际建成运行有些出入，仅供参考。

1.5.3.1 上海市白龙港城市污水处理厂污泥处理工程

（1）项目阶段：工程建设阶段。

（2）设计规模（按干泥计）：近期：204 t/d（按 200×10^4 m^3/d 污水处理规模，现状水质计）；后期：268 t/d（按 200×10^4 m^3/d 污水处理规模，设计水质计）；远期：457 t/d（按 342×10^4 m^3/d 污水处理规模，设计水质计）。

（3）处理工艺：污泥厌氧中温消化＋部分脱水污泥的半干化处理。

（4）污泥处理工艺流程如图 1-4 所示。

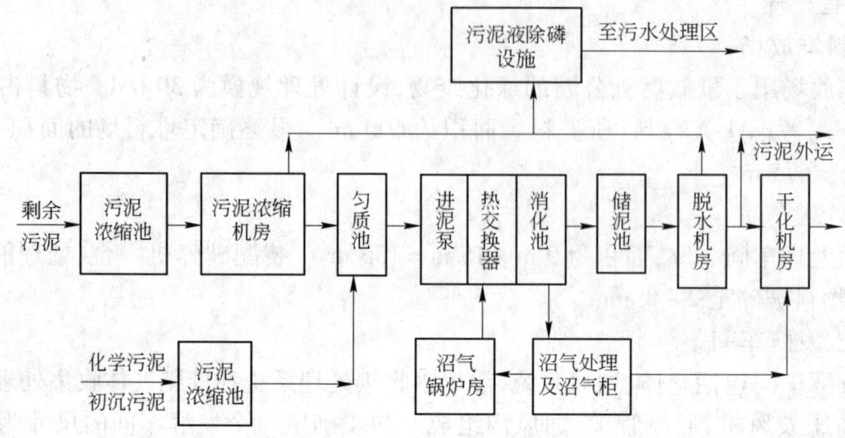

图 1-4　上海市白龙港城市污水处理厂污泥处理工艺流程

（5）污泥处理系统组成包括以下几个系统：

污泥浓缩处理系统——对污泥进行浓缩处理，降低污泥含水率，减小污泥消化池容积。

污泥消化处理系统——对经浓缩的各种污泥进行厌氧消化，使污泥得到减量化和稳定化处理。

污泥脱水输送系统——对经消化的各种污泥进行脱水，并将污泥输送至污泥干化系统或污泥料仓储存外运。

沼气利用处理系统——对消化产生的沼气进行处理和储存，以作为污泥加热和干化的能源给予利用。

污泥干化系统——主要利用消化产生的沼气，对部分污泥进行半干化，便于污泥外运作资源化利用。

水处理系统——主要分两部分，对污泥处理过程中的上清液进行混凝沉淀，去除上清液中的磷；另从污水处理排放箱中取水并经处理提供干化系统冷却用水。

（6）工程投资：建设项目总投资 73547. 05 万元（其中包括建筑工程 17765. 63 万元，设备及工器具购置 29826. 22 万元，安装工程 4782. 84 万元，其他费用 21172. 36 万元）。

1. 5. 3. 2　上海市竹园污泥处理工程

（1）项目阶段：工程设计阶段。

（2）设计规模（按 DS 计）：近期工程 150 t/d，远期工程 240 t/d，用地规模 300 t/d。

（3）污泥处理工艺：本工程采用干化焚烧工艺。

（4）污泥处理工艺流程如图 1-5 所示。

（5）污泥处理系统组成：系统主要包含：脱水污泥接受系统、仓储及物料输送系统、污泥预干化系统、污泥焚烧系统、蒸汽锅炉及热能回收系统、烟气处理系统等污泥处理设施，以及厂区给排水、中水预处理、生产用水处理、蒸汽供给、燃料供给、药剂供给等生产与管理附属系统等。

（6）工程投资：概算总投资 95846. 94 万元，其中建安费 63068. 78 万元；单位污泥处理总成本 503. 60 元，单位污泥处理经营成本 276. 93 元。

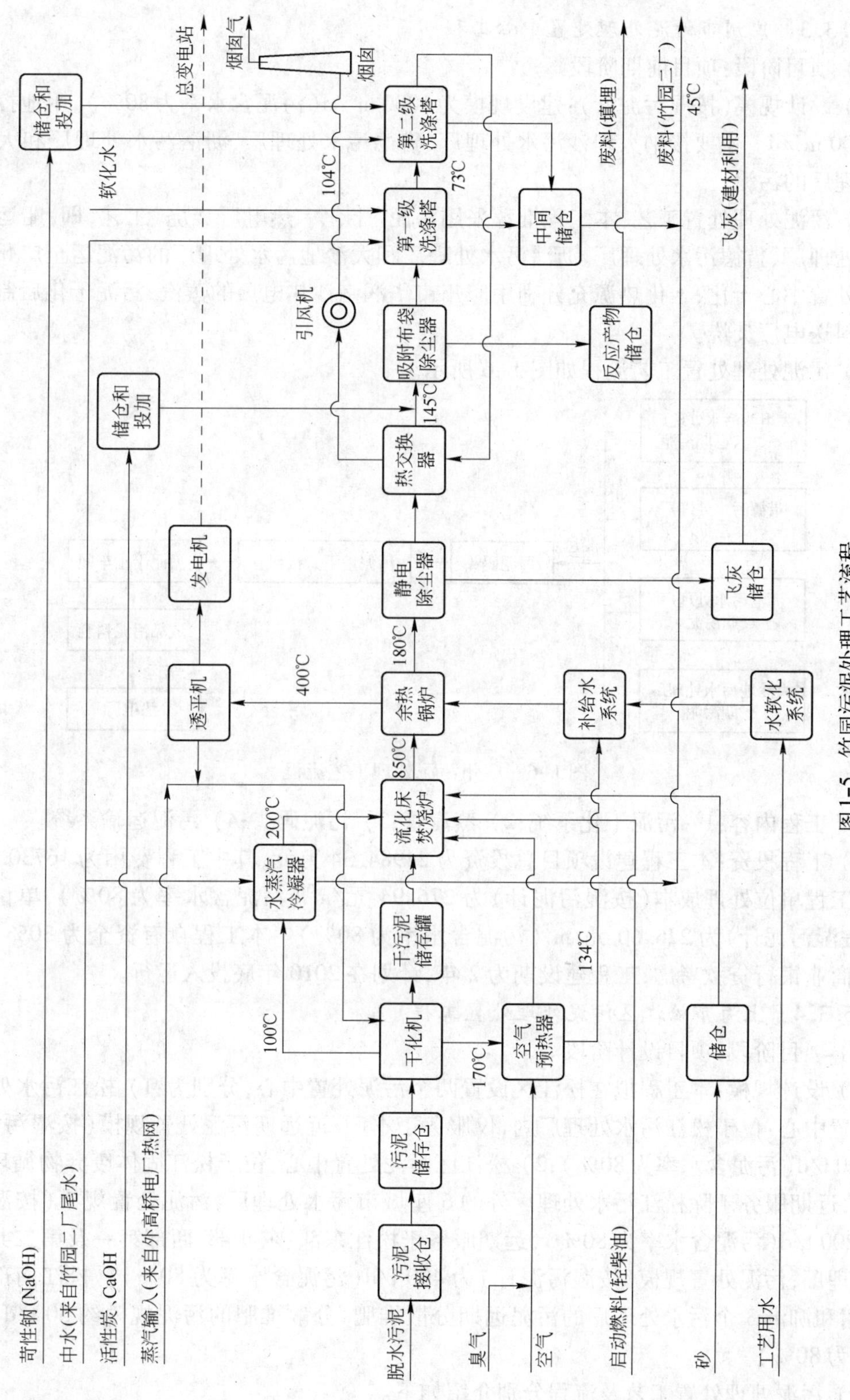

图1-5 竹园污泥处理工艺流程

1.5.3.3　广州市污泥处理处置中心工程

(1) 项目阶段:项目前期阶段。

(2) 设计规模(按湿污泥计):建设规模为1000 m^3/d(污泥含水率为80%),用地控制规模为3000 m^3/d。主要接纳大坦沙污水处理厂、猎德污水处理厂、沥滘污水处理厂和大沙地污水处理厂的污泥。

(3) 污泥处理处置工艺:本工程推荐采用污泥"干化+热电厂焚烧"工艺,即:船运大坦沙污水处理厂、猎德污水处理厂、沥滘污水处理厂和大沙地污水处理厂的污泥运至广州市污泥处理处置中心干化,干化热源充分利用广州市华润南沙热电厂的蒸汽,污泥干化后制作成衍生燃料送电厂焚烧。

(4) 污泥处理处置工艺流程如图1-6所示。

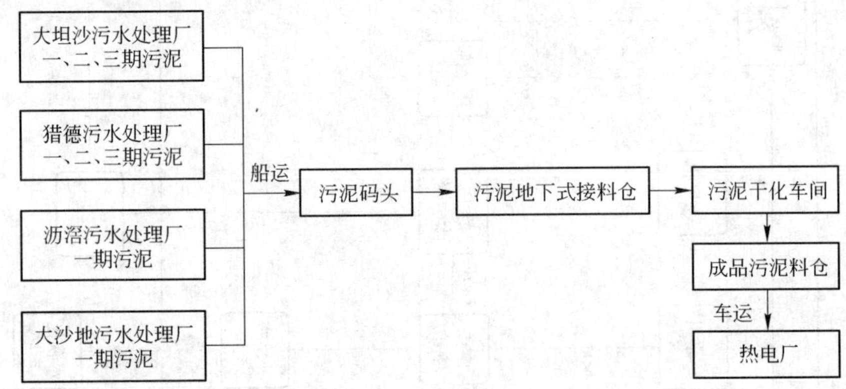

图1-6　广州污泥处理工艺流程

(5) 工程内容:1) 污泥干化系统;2) 蒸汽管;3) 污泥码头;4) 污泥运输系统。

(6) 工程投资:本工程建设项目总投资为24984.34万元,其中工程费用为16730.52万元。本工程单位处理成本(按湿污泥计)为276.94元/m^3(污泥含水率为80%),单位经营成本(按湿污泥计)为226.60元/m^3(污泥含水率为80%)。本工程自有资金为30%,其余按国内商业银行贷款考虑,工程建设期为2年,计划在2010年底投入运行。

1.5.3.4　上海市松江区污泥处理处置工程

(1) 项目阶段:项目设计阶段。

(2) 设计规模:本工程拟在松江区设置两个污泥处置中心,分别为:1) 松江污水处理厂污泥处置中心:位于松江污水处理厂内,仅服务于本厂,近远期污泥处置规模(按湿污泥计)均为120 t/d(污泥含水率为80%);2) 松江区污泥处置中心:位于松江固体废弃物循环产业园区内,近期服务于除松江污水处理厂外的6座城市污水处理厂,污泥处置规模(按湿污泥计)为200 t/d(污泥含水率为80%),远期服务于松江东部、东北部、西部第一及第二共4座污水处理厂,污泥处置规模(按湿污泥计)为400 t/d(污泥含水率为80%)。松江南部的新浜、叶榭和泖港3个污水处理厂的污泥远期分散堆肥,分散堆肥的污泥规模约50 t/d(污泥含水率为80%)。

(3) 污泥处理处置工艺及流程分别介绍如下。

1) 松江污水处理厂污泥处置中心的污泥处置推荐采用静态好氧堆肥工艺,堆肥成品考虑两阶段出路,第一阶段运至填埋场填埋,第二阶段随着绿化应用的逐步推广再用作绿化介质土(如图1-7所示)。

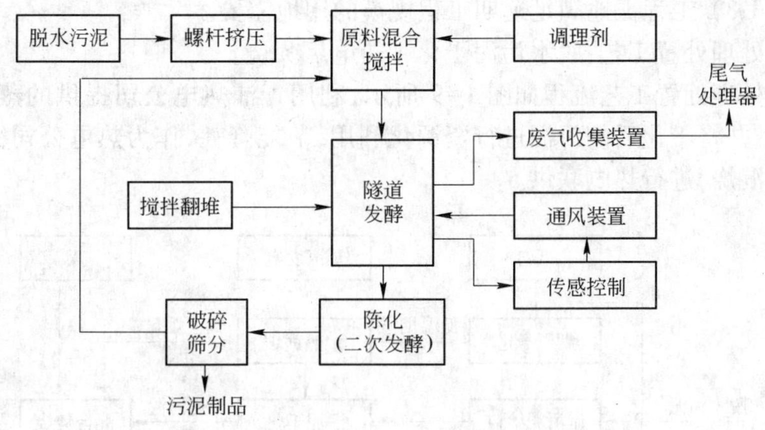

图1-7 松江污水处理厂污泥处理工艺流程

2)松江区污泥处置中心的污泥处置推荐采用干化-焚烧工艺(如图1-8所示),松江区污泥处置中心的土建工程按远期规模400 t/d一次实施到位,设备则根据实际需处理污泥量分阶段配置,每个阶段配置设备规模100 t/d。

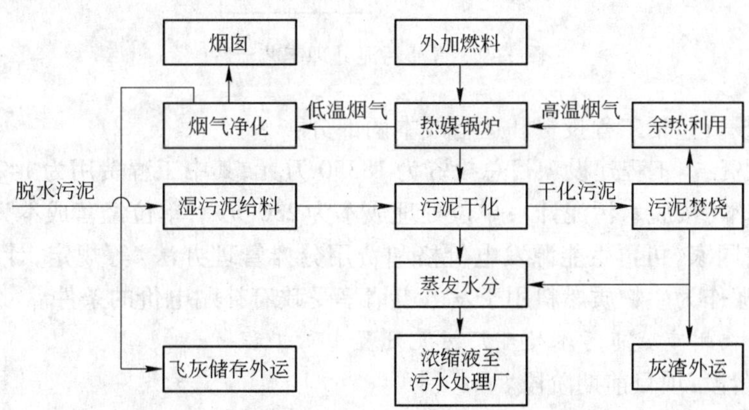

图1-8 松江污泥处置中心污泥处理工艺流程

(4)工程投资:本工程总投资22074.04万元。其中第一部分工程费用为15404.95万元(其中,松江污水处理厂污泥处置中心工程费用为4509.55万元,松江区污泥处置中心工程费用为10895.40万元)。

松江污水处理厂污泥处置中心年总成本约为1020.80万元,年经营成本约为648.25万元;单位处理成本约为233.06元/t(按污泥含水率为80%计),单位经营成本约为148.00元/t(按污泥含水率为80%计)。

松江区污泥处置中心年总成本约为3028.86万元,年经营成本约为1949.97万元;单位处理成本约为414.91元/t(按污泥含水率为80%计),单位经营成本约为267.12元/t(按污泥含水率为80%计)。

1.5.3.5 上海市青浦区污泥处理处置工程

(1)项目阶段:项目前期阶段。

(2) 设计规模(按含水率为80%的脱水污泥计):1) 近期工程规模:240 t/d;2) 远期工程规模:480 t/d;3) 工程征地满足远期工程规模的用地需要。

(3) 污泥处理处置工艺:脱水污泥干化+热电厂焚烧。

(4) 污泥处理处置工艺流程如图1-9所示,利用青浦热电公司提供的蒸汽作为热源,干化脱水污泥,并将干化后的污泥进行资源化利用,节能降耗,作为热电公司循环流化床锅炉的燃料与煤混烧,进行热电联供。

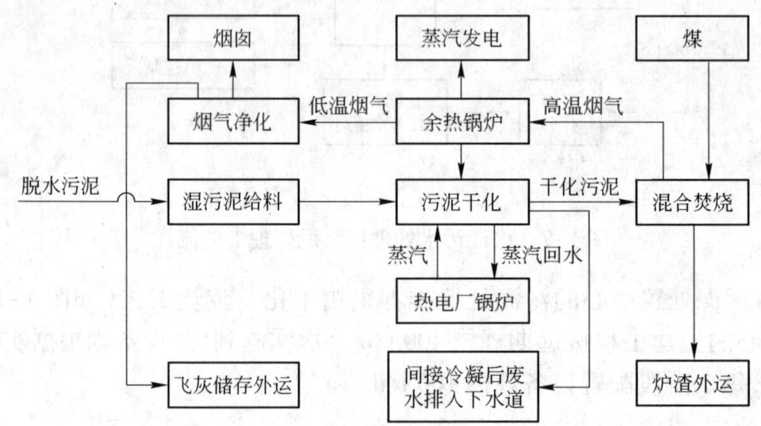

图1-9　青浦污泥处理工艺流程

(5) 工程投资包括工程投资和运行成本两部分:

1) 工程投资:本工程建设项目总投资为18350万元,其中工程费用为14298万元。

2) 运行成本(按脱水污泥计):单位处理成本为280元/t;单位经营成本为180元/t。本成本中,已经按国家《可再生能源发电价格和费用分摊管理办法》等规定,计算时已包括了污水处理厂污泥作为生物质燃料用于发电申请享受政府补贴电价的条件。

1.5.3.6　福州市城市污水处理厂污泥处置中心工程

(1) 项目阶段:项目前期阶段。

(2) 设计规模(按含水率为80%的脱水污泥计):福州市2010年(近期)可预见的污泥产生量为422.5 m^3/d;2020年(远期)规划的污泥产生量将达1014 m^3/d。拟在福州市建设污泥处置中心,依据2010年的污泥产生量确定近期实施工程的规模,依据2020年的污泥产生量预留污泥处置中心扩建的用地。污泥处置规模为440 m^3/d,其中土建规模440 m^3/d,设备规模分两阶段,每阶段220 m^3/d。

(3) 污泥处置工艺及流程如图1-10所示。

工艺方案:污泥"干化+焚烧";

干化工艺:双轴螺旋桨式干化工艺;

焚烧工艺:流化床焚烧炉工艺;

烟气处理工艺:脱酸塔+布袋除尘器工艺。

(4) 工程投资包括工程总投资和运行成本两部分:

1) 工程总投资:本工程总投资19489.85万元,其中第一阶段工程费用8076.33万元,第二阶段工程费用6494.55万元,两阶段合计工程费用为14570.88万元。

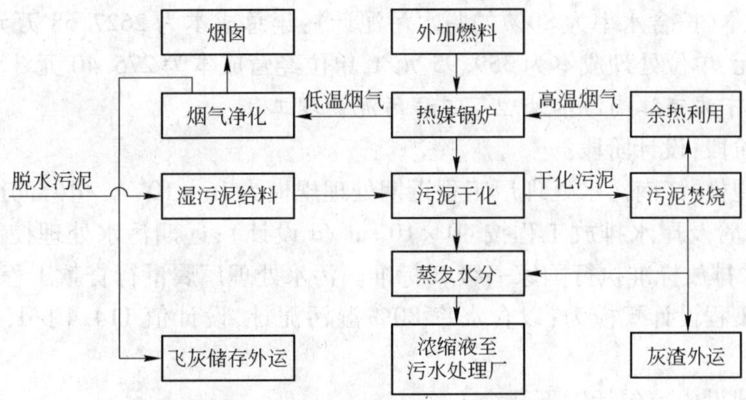

图 1-10 福州污泥处理工艺流程

2）运行成本（按含水率为 80% 的脱水污泥计）：年总成本为 3537.21 万元，年经营成本为 2268.46 万元，单位处理成本为 220.25 元/t，单位经营成本为 141.25 元/t。

1.5.3.7 珠海市中心城区污水处理厂污泥处理与处置工程

（1）项目阶段：前期阶段。

（2）设计规模（按含水率为 80% 的脱水污泥计）：珠海市 2010 年（近期）污泥产生量为 263.71 t/d；2020 年将达 492.17 t/d。伟力高污泥资源化项目可消纳污泥 100 t/d 。因此珠海市仍需处理的污泥量 2010 年为 163.71 t/d，2020 年为 392.17 t/d。可将污泥工程分为两阶段，每阶段的工程规模均为 200 t/d。近期工程规模为 200 t/d，满足珠海市中心城区污水处理厂近期的污泥处理处置需求；远期增加工程规模 200 t/d，使总规模达 400 t/d，满足远期污泥处理处置需求。

（3）工艺方案及流程如图 1-11 所示。工艺方案采用污泥“干化 + 焚烧方案”。污泥经过干化焚烧后彻底减量。灰渣送至填埋场填埋处置。工程主要由脱水污泥接收及供料系统、污泥干化系统、污泥焚烧系统、烟气净化系统、配套水系统五部分组成。

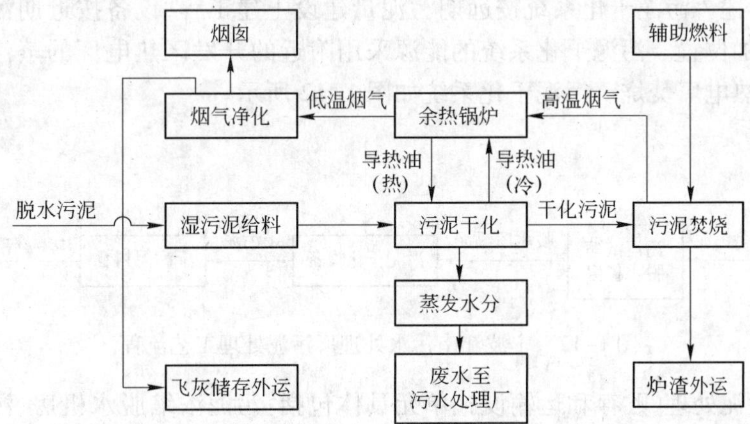

图 1-11 珠海污泥处理工艺流程

（4）工程投资包括工程总投资和处理成本两部分。

1）工程总投资：本工程总投资 12905.28 万元，其中第一阶段工程费用 9534 万元，第二阶段工程费用 3371.28 万元。

2）处理成本（按含水率为 80% 的脱水污泥计）：年总成本为 2627.68 万元，年经营成本为 2010.41 万元，单位处理成本为 359.95 元/t，单位经营成本为 275.40 元/t。

1.5.3.8 宁波市江南污水处理厂工程污泥处理工程

（1）项目阶段：设计阶段。

（2）设计规模：江南污水处理厂工程近期处理规模为 16×10^4 m^3/d（部分构筑物考虑远期发展，进厂总管及尾水排放工程按 40×10^4 m^3/d 设计）；远期污水处理控制规模为 40×10^4 m^3/d。出水排放标准执行国家一级 B 标准。污水处理厂属世行贷款工程范围。

污泥处理工程设计规模为：以含水率 80% 湿污泥计，设计值 114.4 t/d，最大处理能力 150 t/d。

（3）工程建设内容包括以下几个方面：

1）污水处理：近期污水处理厂工程的污水处理设施按 16×10^4 m^3/d 规模实施（变化系数 $K=1.3$），部分构建物考虑中远期规模；

2）污泥处理：污泥处理至含水率小于 10% 的干污泥；

3）再生水回用工程：5×10^4 m^3/d 规模；

4）进厂管道及尾水排放工程：远期 40×10^4 m^3/d 规模一次建设。

（4）污水处理厂厂址：位于宁波市北仑区江南公路南侧约 300 m、绕城高速公路（新周立交）西侧地块。污水处理厂远期规划控制征地面积约为 27.16 hm^2，近期用地面积约为 17 hm^2。本工程按远期用地范围征地。

（5）工程投资：江南污水处理厂工程（包括污水处理厂、进厂管道及尾水排放管工程，属市级实施，世行贷款项目）建设项目总投资为 75924.24 万元，工程费用约为 49425.59 万元。其中，污泥处理工程费用为 13845.36 万元。

（6）处理成本：污水处理厂单位处理成本为 1.49 元/m^3，单位运行成本为 0.82 元/m^3，预测污水处理费收费标准 2.35 元/m^3。

（7）污泥处理工程方案介绍如下。

1）系统简述 污泥干化系统按远期污泥量建设土建工程，设备按近期污泥量配置，预留后期设备增加位置。污泥干化系统的能源采用附近的开发区热电厂的蒸汽，干化处理后的干泥外运至热电厂焚烧。污泥干化系统如图 1-12 所示。

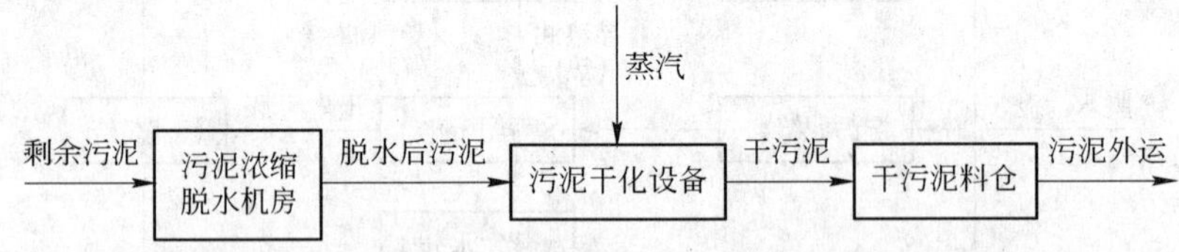

图 1-12 宁波江南污水处理厂污泥处理工艺流程

2）主要污泥处理、贮存和运输设施单元具体包括：污泥浓缩脱水机房、污泥料仓、污泥干化车间、两段式组合干化设备总体系统（两段式组合干化各单元设备包括：污泥接收单元；污泥干化单元；出料单元；加热系统单元。其中加热系统单元主要位于干化系统导热油锅炉房）、干化系统导热油锅炉房和污泥运输单元等。

2　污泥处理处置规划实例

2.1　污泥处理处置规划编制要点

随着对污泥处理处置的重视，污泥处理处置的规划与布局在城市给排水设施和环境保护领域具有极其重要的作用。在污泥处理处置规划中主要解决的问题包括以下三点：

（1）城市污泥产生量的预测和处理规模确定；

（2）城市污泥处理处置主要思路和主体工艺确定；

（3）城市污泥处理处置设施的主要布局设想。

针对上述三点，本节将进行简单描述。

2.1.1　污泥的产生量预测

污泥产生量指各种水处理后排出的污泥量，由于水质和水处理工艺各不相同，即使相同的处理工艺产生的污泥量也不一样，加之污泥的含水率不一定，预测污泥产生量是很困难的事情，但是实际过程中，污泥产生量是污泥处理的关键问题，而且是不能回避的问题。

2.1.1.1　污泥产生量的影响因素

污泥产生量主要由污水处理工艺决定。当污水处理采用二级生物处理时，污水污泥产生量主要影响因素为污水水质和生物处理系统的运行条件。污水水质对污泥产生量的影响主要体现在进水有机物和进水悬浮固体量；运行条件有泥龄、负荷、溶解氧等，起关键作用的是泥龄，泥龄的长短将影响有机物的生物降解效果和微生物固体的内源衰减量，从而影响污泥的产生量。

当然，污泥来源和种类不同，污泥产生量影响因素也不尽相同。如当污水处理采用化学一级强化工艺时，污水污泥产生量影响因素除了进水水质外，还有絮凝剂投加量、絮凝剂种类等。

2.1.1.2　污泥产生量的预测方法

A　经验系数法

由于污泥的特殊性，目前污泥产生量预测方法主要采用经验法。

在实际工程中，根据各国各地区污水的不同特点，我们可以按照一定的平均经验值确定污水污泥产生量。例如，根据 Fair 和 Geyer 1965 年的统计，常规的污水处理厂的污泥产生量（按 DS 计）为 80 g/（人 · d）；美国 26 家污水处理厂的调查数据显示，污泥的产生量都在 200 ~ 300 g/m^3；法国采用的经验值（按 DS 计）则为 60 g/（人 · d）；1996 年对我国 29 家城市污水处理厂的调查表明，每处理 1×10^4 m^3 污水，污泥的产生量（按 DS 计）为 0.3 ~ 3.0 t；1992 年上海市以实际废水处理量核算，每 1×10^4 m^3 污水的污泥产生量（按 DS 计）则为 2.2 ~ 3.2 t；而根据上海排水公司的统计，2006 年上海中心城区污水处理厂二级生物处理的每 1×10^4 m^3 污水产生污泥（按 DS 计）为 0.75 ~ 2.31 t。

同时,针对不同的污水处理工艺,污泥产生量经验值也各自不同,各国所采用的污泥产生量经验值如表 2-1 所示。

表 2-1 不同污水处理工艺的污泥产生量

处理工艺		美国污泥产生量(按 DS 计)经验值①/g·m^{-3}		德国污泥产生量经验值 /g·(人·d)$^{-1}$	法国污泥产生量(按 DS 计)经验值② /g·(人·d)$^{-1}$	根据上海排水处统计数据计算 (DS/BOD_5)/g·g^{-1}
		产生量范围	典型值			
初次沉淀		110~170	150	45	40~60	—
活性污泥法(初沉+活性污泥)		180~270	230	80	75~90	0.5
生物滤池		170~270	220	—	65~75	—
除磷工艺	低药量(350~500 mg/L)	350~570	450	—		—
	高药量(800~1600)	710~1470	950	—		—

① 摘自 Wastewater Engineering: Treatment and Reuse (Fourth Edition) III, Metcalf & Eddy, Inc.;

② 摘自 Water Treatment Handbook, ONDEO Degrémont。

因此,污泥产生量预测方法采用如下公式计算,即在污水处理量的基础上,针对不同的处理工艺,按照一定的经验比例系数计算:

$$Q_{DS} = k \times Q \times W$$

式中 Q_{DS}——干泥产生量,t/d;

k——经验系数(如表 2-2 所示);

Q——污水处理厂的污水处理量,m^3/d;

W——污泥含水率,%。

表 2-2 污泥产生量的经验系数

项 目	按美国污泥产生量的计算方法		按德国污泥产生量的计算方法		上海排水处的统计数据		上海污泥规划中所用数据	
	k/%	含水率/%	k/%	含水率/%	k/%	含水率/%	k/%	含水率/%
一级污水处理厂	0.294	95	0.45	95	0.34①	96	0.3	97.5
二级污水处理厂	0.783	97	1.0	96	0.647	97	0.6	97.5
一级强化污水处理厂②	—	—	—	—	0.773	97.5	0.7	97.5

① 参考上海现有城市污水处理厂的统计数据和上海市污泥处理处置专项规划;

② 一级强化污水处理厂以竹园第一污水处理厂为例。

B 物料平衡公式估算

除了经验系数法预测外,在进行污水处理厂污泥处理设施的工程设计时,相应的污泥产生量可以针对不同工艺,根据污水处理厂的实际进出水水质,按物料平衡的方法进行估算。

初沉污泥主要来自于所去除的固体悬浮物,其污泥产生量计算公式如下:

$$W_{ps} = Q_I \times E_{ss} \times C_{ss} \times 10^{-6}$$

式中 W_{ps}——初次沉淀池的污泥(按 DS 计)产生量,t/d;

Q_I——处理的水量,m^3/d;

E_{ss}——悬浮固体的去除率,%;

C_{ss}——悬浮固体的质量浓度,mg/L。

二级生物处理污水处理厂的活性污泥则既包括在初次沉淀池中没有去除的悬浮污泥,也包括之后的活性污泥工艺中产生、死掉和分解的有机体,因此,剩余活性污泥的产生量可以用生长动力学计算,根据净含量系数的定义(即不包括死的和分解的部分,只包括进水中溶解部分),1970 年 Lawrence 和 McCarty 提出用于估算活性污泥产量的模型,如下所示:

$$W_{was} = Q\{[Y(BOD_o - BOD_e)/(1 + b_d\theta)] + F_{SSio} + F_{SSno}\}$$

式中 W_{was}——每天总的活性污泥产生量,mg/d;

Q——流量,L/d;

Y——净产量系数,1 kg 挥发性活性污泥与 1 kg 溶解性 BOD 去除量之比,kg/kg;

BOD_o——进水中的溶解性 BOD 质量浓度,mg/L;

BOD_e——出水中的溶解性 BOD 质量浓度,mg/L;

b_d——内源分解系数,0.04~0.75,平均为 $0.6d^{-1}$;

θ——细胞的停留时间,或者活性污泥固体的停留时间(表示为污泥龄),d;

F_{SSio}——进入活性污泥工艺中的不挥发性悬浮固体质量浓度,mg/L;

F_{SSno}——进入活性污泥工艺中的不可生物降解,但是挥发性悬浮固体质量浓度,mg/L。

而采用一级化学强化处理工艺的污水处理厂一般通过投加 $FeCl_3$、$Al_2(SO_4)_3$、石灰和一些有机高分子絮凝剂等化学药剂,来强化初次沉淀池的沉淀性能,因此初次沉淀池的沉淀效率可高达90%。所以,一级强化工艺的总污泥产生量中还包含额外投加的絮凝剂所产生的沉淀量。

2.1.1.3 污泥产量预测实例

本书以几种典型污泥为例,简单介绍污泥产生量的预测。

A 水厂污泥量

水厂污泥量的大小,与水源水质、净水工艺、排泥方法和水厂操作管理水平等因素有关。微污染原水的预处理及出水的深度处理对污泥量也有影响,原水通过预处理后,悬浮固体得到一定程度的去除,产生一定的污泥量,同时后续工艺的污泥产生量也因此而降低;出水的深度处理则是在原有出水的基础上进一步去除浊度,从目前的 1 度降低至 0.3 度以下,也产生一定的污泥量,但二者造成的污泥变化量与巨大的常规工艺污泥产生量相比微乎其微。

污泥量预测时,通常应综合考虑理论计算、实际统计值和规划要求。以上海为例,采用黄浦江原水系统和内河原水系统(黄浦江支流)的水厂每 1×10^4 m^3 制水产泥量(一般按污泥干重计)为 0.50~0.70 t。采用长江原水系统的水厂每 1×10^4 m^3 制水产泥量(一般按污泥干重计)为 0.40~0.45 t。

B 污水污泥量

当污水处理采用二级生物处理时,污水污泥产量主要影响因素为污水水质和生物处理系统的运行条件。当污水处理采用化学一级强化工艺时,产泥量除了受进水水质影响外,还受絮凝剂投加量、絮凝剂种类等影响。

以上海为例，污水污泥量预测时，考虑到不同的处理工艺污泥量的不同，如二级污水处理厂的每 1×10^4 m^3 污水产泥量按 1.5 t 污泥（干重）计；而化学一级强化污水处理厂的每 1×10^4 m^3 污水产泥量按 1.75 t 污泥（干重）计。

C　疏浚污泥量

疏浚污泥量一般按调查资料和计划清淤河道确定，该污泥量和人工清淤量有关。

D　通沟污泥量

通沟污泥产生于下水道，通常与城市规模、城市发展程度和下水道日常养护情况有关，以上海为例，通沟污泥产生量较大，达 9×10^4 t/a（含水率为 50% ~80%）。

E　栅渣量

栅渣量通常来自统计资料，如上海城市排水管理处曾经对所属污水处理厂、泵站的栅渣量进行统计，并得出如下栅渣产生量预测标准：

（1）每 1×10^4 m^3 雨水的雨水泵站栅渣量为：0.00219 t（含水率为 60% ~80%）；

（2）每 1×10^4 m^3 合流污水的合流污水泵站栅渣量为：0.0104 t（含水率为 60% ~80%）；

（3）每 1×10^4 m^3 污水的污水处理厂（二级）栅渣量为：0.456 t（含水率为 60% ~80%）；

（4）每 1×10^4 m^3 污水的污水预处理厂的栅渣量为：0.06 t（含水率为 60% ~80%）。

2.1.2　污泥处理处置思路和主体工艺

我国各地区社会经济发展水平还有一定的差异，比如东南沿海地区较为发达，西部地区则相对落后。因此，污泥处理处置思路需由各地社会经济发展水平和实际情况确定。为确定污泥处理处置思路，国家出台了污泥处理处置的最佳可行技术导则，下面进行简单介绍，以供参考。

导则制定的宗旨是通过选择有效的、可行的技术和污染防治途径，进行污泥处理处置，并控制和削减污泥处理、处置过程中可能产生的环境污染，从而实行有效的环境管理，达到消除污染、保护环境的目的。导则的核心是要求设施的运营者通过选择可以真正实现污泥的减量化、稳定化、无害化的技术，并在此前提下采取适当的措施防止污泥处理处置过程中的污染或二次污染问题，在“安全、环保”的原则下实现污泥的处理处置。

导则列举了目前较为主流的污泥处理处置工艺，详细介绍了工艺流程，并提出了各种不同工艺的最佳可行技术，现部分列举如下。

2.1.2.1　污泥消化技术

A　技术适用范围

对于污泥厌氧消化技术的选择依据原则：

（1）日处理能力在 5×10^4 m^3 以上的污水二级处理设施产生的污泥，宜采取厌氧消化进行稳定化处理，同时进行沼气综合利用。消化工艺宜采用中温厌氧消化，使污泥的有机物降解率不小于 35% ~40%，每 1 kgVS 产气率不小于 0.40 ~0.50 m^3。

（2）污泥处理工艺应和污水处理工艺相结合，采用污泥焚烧处理的污水处理厂不宜采用消化处理、延时曝气等污泥稳定工艺处理污泥。

（3）产生的沼气须采用有效的方式利用。北方地区，在冬季沼气用来烧锅炉供暖，春、夏、秋三季则全部用于沼气发电预热加热消化池；南方地区，沼气发动机的余热可满足四季污泥加热需求，一般不需另设沼气锅炉。具体发电的技术要求：

1）沼气发电机组电效率应大于30%，热回收效率应大于45%，总效率应大于80%。

2）沼气利用前采用脱硫工艺，脱硫后 H_2S 质量浓度小于 50 mg/m^3。

B 环境管理

（1）初沉污泥和剩余污泥应在进入厌氧消化池前进行浓缩，以减少污泥消化池的建造体积和耗热量。

（2）沼气锅炉和沼气发电机要上尾气净化设备，保证尾气达到 GB 16297—1996《大气污染物综合排放标准》中新能源的标准要求；沼气发电机组应上隔声罩，并布置在单独的密闭房间内，减少噪声污染。

（3）须保证厌氧消化池的安全运行，在沼气池、储气柜、脱硫间周边划定管理区，重点防火，配备消防安全设施。

2.1.2.2 *污泥发酵技术*

A 可行技术

对于好氧发酵，下面的技术或技术组合可认为是最佳可行技术，依据当地的环境选择优先顺序和技术。能够达到同等或更好性能的任何其他技术或技术组合也可以考虑。

（1）日处理能力在 5×10^4 m^3 以下的污水处理设施产生的污泥，宜采用条垛式好氧发酵处理和综合利用。在污泥处理规模大，经济条件中等发达且土地资源丰富的地区也可以采用条垛式发酵。

（2）日处理能力在 5×10^4 m^3 以上的污水处理设施产生的污泥选择发酵槽（池）式发酵工艺。

（3）在土地资源紧张，周围有环境敏感点的地区如采用发酵方式处理污泥时，须采用密闭式发酵工艺，并保持负压。

（4）所选择好氧发酵工艺应达到：

1）好氧发酵后污泥的含水率为35% ~45%，污泥的有机物降解率大于50%；

2）蠕虫卵死亡率大于95%；

3）粪大肠菌群菌值大于0.01；

4）种子发芽指数不小于75%。

（5）污泥发酵工程除臭工程量大，宜选择生物除臭法有效去除发酵废气中的恶臭气体（NH_3、H_2S、SO_2 以及烷烃类气体）。经过合理设计发酵场（厂）恶臭可以达到 GB 14554—1993《恶臭污染物排放标准》要求。

（6）为防止污泥中重金属对环境的危害，可以采用在固态好氧发酵中添加常规的钝化剂，包括膨胀材料和天然吸附物质，使离子态的重金属含量降低，削弱重金属的危害作用。还可以向污泥中掺加腐质酸类物质（如腐质酸钠）降低重金属对土壤的危害。

（7）露天和密闭设置的发酵场（厂）产生的污水和雨水需集中收集，通过回流到污水处理厂或自建处理装置处理达标后排放。

B 环境管理

a 选址及相关要求

（1）有条件将污泥发酵产品进行土地利用的中小规模的污水处理厂，优先选用发酵技术处理污泥。污泥发酵泥质质量必须符合污泥土地利用的相关要求。

(2) 污泥发酵场(厂)场址的选择应符合当地建设总体规划和环境保护规划的规定,并应符合当地大气污染防治、水资源保护、自然环境保护要求,并且通过环境影响评价和环境风险评价。发酵场(厂)与周边居民区、学校和工厂的卫生防护距离应由环评单位和相关的环保部门经论证后确定。

b　污染物控制

(1) 对污泥产品必须有一套有效的监测系统来严格控制污泥产品的质量,尤其是应加强对进场(厂)污泥和发酵产品中的重金属物质、蛔虫卵死亡率、粪大肠菌值等35个指标进行监测。符合要求的污泥发酵泥质才可以进行出场(厂)、销售或施用。

(2) 发酵过程应定期对污泥堆体温度、氧气浓度、含水率、挥发性有机物的含量及腐熟度等进行监测,有条件的须在线监测。

(3) 发酵场(厂)排放的大气污染物有组织排放时,须定期对其排放口监测,有条件的须设在线监测;发酵场(厂)排放的大气污染物无组织排放时,须定期对场界进行监测,使排放的气体能满足场(厂)界达标排放要求。

c　运行、维护管理

(1) 与周边居民区、学校和工厂的卫生防护距离不能满足要求的,单独建设的发酵场(厂)或在污水处理厂内建设的污泥发酵场(厂),必须采用完全封闭的发酵设施。封闭发酵设施须设有强制通风装置。

(2) 污泥发酵场(厂)生产过程中和发酵产物所产生的臭气宜统一收集并进行脱臭处理,臭气排放应符合现行国家标准 GB 14554—1993《恶臭污染物排放标准》中的有关要求。

(3) 发酵设施底部须设置集液坑(井)。渗滤液应集中收集作为物料调节用水,多余的渗滤液可送至污水处理设施处理,并应达标排放。露天污泥发酵场(厂)需对雨水进行集中处理,达标排放或回用。

(4) 污泥发酵场(厂)不在污水处理厂内时,应获得有关部门的许可,采用良好密封的运输车辆或船舶输送污泥,避免在运输过程中对环境造成二次污染。污泥运输采用联单制。

2.1.2.3　污泥土地利用技术

A　污泥土地利用指标要求

污泥土地利用不是孤立的,与其相关的活动包括:消化、好氧发酵、回收再利用、对土壤和地下水的监测。本导则只包括污泥土地利用以及与其有直接联系的环节,如污泥土地利用的途径和方式,土壤和地下水监测管理等。其他活动如消化、好氧发酵见其他章节。

采用污泥土地利用消纳污泥,污泥须经稳定化和无害化处理。

a　无害化指标

(1) 施用的污泥应无明显臭味,污泥臭度须小于2级(六级臭度);

(2) 粪大肠菌群菌值大于0.01,蛔虫卵死亡率大于95%;

(3) 种子发芽指数不小于70%;

(4) pH值为5.5~8.5;

(5) 含水率不大于45%。

b　稳定化指标

(1) 污泥处理工艺的有机物降解率须大于40%；

(2) 稳定后的污泥：样品实验室测试，20℃继续消化30天，在第30天末，挥发分组分的减量须少于15%；比好氧呼吸速率（按干污泥计）须等于或小于1.5 mg/(h·g)。

B　环境管理

(1) 污泥进行土地利用，须建立有效的污泥管理系统，尤其是进行大面积的林用；监测和观察系统可以有效监测污泥土地利用对环境的影响。将污泥大面积的林用和土壤改良时，须设置对污泥中污染物累积量监测的追踪体系，对污泥异地使用的监控，对污泥土地利用的去向和信息有详细的了解。污泥土地利用采用联单制。

(2) 污泥提供者须和污泥使用者签订相关合同，明确污泥土地利用产生的短期或长期负面影响由污泥提供方负责。污泥提供方须委托有资质的监测单位在污泥施用前对污泥施用场地的土壤、地下水、大气环境背景值进行监测，并报当地环境保护主管部门备案。施用后对施用污泥的土壤、地下水以及作物等进行长期定点监测，保存记录5年以上。

(3) 污泥土地利用监测的对象为污泥、污泥施用后的土壤、土壤中的植物等。首先，应加强对污泥本身的监测，符合准入条件的污泥才允许施用。其次，对污泥施用地的监测，主要包括：重金属（砷、铬、钙、铜、铅、汞、钼、镍、硒、锌等）、总氮、硝态氮和其他需要监测的参数（包括病原菌、营养物、有机污染物等），同时还应包括蚊蝇密度和细菌总数等。监测频率应依据每年污泥施用量确定。

(4) 污泥大量进行土地使用后，不应流入周围沼泽或水域。水、冰或雪覆盖地区的土地在使用污泥之前，土地应用者应该确保有效的径流控制（设置斜坡、缓冲区/过滤带，翻耕地粗糙地表，作物残留或植被，排水道，防泥沙栅栏，梯田等），阻止污泥流入水域。禁止在任何水域附近（最近距离10 m）的草坪，森林或开垦地使用大量污泥。

(5) 污泥林用可以采用保护性施用、渗透沟、过滤带、梯田、植草排水沟等措施使污泥径流达到最小。

(6) 污泥各相关责任方须建立相应的报告编写及交换制度。污水处理厂及污泥处理公司应记录其最终产品的去向，并有责任监测和评价相关的环境影响。土地使用者有责任把全部资料汇报给污水污泥的生产者和管理机构。为确保资料信息的必要交流，相关方需签署书面协议，协议确定相关的责任及解决办法。

2.1.2.4　污泥焚烧技术

A　可行技术

(1) 在污泥产生量较大，难以有效利用其他热源的情况下，采用干化焚烧方式处理处置污泥为可行技术。污水污泥干化，须有效利用回收的焚烧热量，在装置正常运行工况条件下，通常不需要添加辅助燃料（开机、停机和偶尔使用辅助燃料维持燃烧温度除外）。干化焚烧组合工艺中，流化床工艺被认为是可行技术。

(2) 采用流化床技术对污水污泥进行干化焚烧是可行技术，通常，该系统焚烧效率更高，废气产生量更低。循环流化床炉比鼓泡床对燃料的适应性更好，但是需要旋风除尘器来保留床层物质。鼓泡式可能会存在被一些污水污泥堵塞设备的风险，但可从工艺中回收热量促进污泥的干燥，进而降低对辅助燃料的需求。

(3) 焚烧炉设计良好且工艺参数控制良好是有效削减 PCDD/PCDF 最为重要的技术手段之一,并应避免在 250 ~ 400°C 的温度范围内去除粉尘。在除尘器中填充含碳物质、活性炭或焦炭可使 PCDD/PCDF 最终排放浓度降至 0.1 ng/m^3 以下。要使最终排放降至 0.001 ng/m^3 以下,增加活性炭或焦炭的使用量是可行技术措施之一。

(4) 烟尘排放标准要求较严格的地方(1 ~ 5 mg/m^3,日均值),采用袋式除尘器是可行技术,且袋式除尘器也是烟气净化系统末端设备的可行选择;旋风分离器是烟气预除尘可行技术(去除粗颗粒以降低后续处理设备负荷)。

(5) 预除尘 + 半干法酸性气体去除技术 + 末端除尘技术(袋式除尘器) + SCR 系统是焚烧烟气处理可行技术之一;烟气中酸性气体含量较高时,旋风除尘器(预除尘) + 湿式净化系统是实现粉尘、酸性气体有效去除并降低 PCDD/PCDF 再合成的可行技术之一。

(6) 根据实际所需的烟气去除效率和 NO_x 排放水平,主要利用与燃烧有关的 NO_x 控制措施来降低 NO_x 排放水平。

(7) 在采用湿式洗涤器作为烟气中总汞控制的唯一或主要方法时,为控制汞排放,在第一阶段添加特定试剂去除离子态汞时,要求将低 pH 值和采用活性炭注射工艺或采用活性炭或焦炭过滤器工艺相结合。可将汞的最终大气排放值降到 0.05 mg/m^3 的范围内。

(8) 在采用半湿式烟气处理系统控制汞排放时,使用活性炭或其他有效的吸附剂吸附 PCDD/PCDF 和汞,控制试剂给料速率,使汞的最终排放量降到 0.05 mg/m^3 以下。

B　环境管理

(1) 污泥焚烧厂建立入厂污泥质量控制系统,对污泥进厂和出厂实行联单制,对每批进厂脱水污泥分别监测、取样、化验;

(2) 污泥焚烧厂应通过防止需贮存污泥的量超过贮存装置的贮存容积,加强污泥运输的管理,将脱水污泥贮存区加盖并保持微负压的方式以防控脱水污泥贮存和泄漏风险;

(3) 将脱水污泥贮存区(包括贮存罐和贮存仓)空气抽作焚烧炉助燃空气(一次风或二次风);

(4) 在焚烧炉不运行期间(如维修),为控制贮存区臭气(包括其他潜在的逸出气体),应避免贮存过量污泥或通过采用掩臭剂的方法;

(5) 应对焚烧炉和烟气净化系统进行例行常规检查以保证系统的完整性和焚烧炉及其组件的合理运行,并确保系统连续运行;

(6) 安装自动辅助燃烧器是使焚烧炉在启动和运行期间,燃烧室中保持必要燃烧温度;

(7) 优先考虑充分利用焚烧烟气等系统余热预热一次风和二次风;

(8) 加强对污泥进料时间、燃烧条件的控制和燃烧后的管理,确保焚烧炉保持良好的运行工况。最佳燃烧条件控制措施包括:通过优化一次风、二次风供给计量系数和分配,控制空气供给速率;通过优化燃烧区停留时间、温度、紊流度和氧浓度,增加二燃室扰动度,控制燃烧温度分布及烟气停留时间;防止出现会使部分燃料露出燃烧室的过冷或低温区域等。

导则从各个方面对污泥处理处置技术进行了分析比较,并根据我国实际情况,提出的最佳技术导则(BAT)具有很强的可操作性,对于各地的污泥处理处置具有很大的借鉴意义。

2.1.3 污泥处理处置设施布局

污泥处理处置设施的布局一方面与污水处理厂的布局有密切关系;另一方面,与污泥产生量和污泥处理处置工艺也密切相关。同时,布局应遵循当地自然地理背景的特点、流域的地形地貌特征、社会经济发展的空间格局、现存的污泥处理处置现状、现有可供使用或改造使用的垃圾填埋场、采石场、填海区现状以及相关的规划,并综合考虑环境影响、运输和经济比较等因素,最终提出污泥处置的布局方案。

我国住房和城乡建设部、环境保护部和科技部联合制定的《城镇污水处理厂污泥处理处置及污染防治技术政策(试行)》(建城[2009]23 号)中对污泥处理处置设施的规划布局作了规定。部分列举如下:

(1) 污泥处理处置规划应纳入国家和地方城镇污水处理设施建设规划。污泥处理处置规划应符合城乡规划,并结合当地实际情况,与环境卫生、园林绿化、土地利用等相关专业规划相协调。

(2) 污泥处理处置应统一规划,合理布局。污泥处理处置设施宜相对集中设置,鼓励将若干城镇污水处理厂的污泥集中处理处置。

(3) 应根据城镇污水处理厂的规划污泥产生量,合理确定污泥处理处置设施的规模;近期建设规模,应根据近期污水量和进水水质确定,充分发挥设施的投资和运行效益。

(4) 城镇污水处理厂新建、改建和扩建时,污泥处理处置设施应与污水处理设施同时规划、同时建设、同时投入运行。污泥处理必须满足污泥处置的要求,达不到规定要求的项目不能通过验收;目前,污泥处理设施尚未满足处置要求的,应加快整改、建设,确保污泥安全处置。

(5) 城镇污水处理厂建设应统筹兼顾污泥处理处置,减少污泥产生量,节约污泥处理处置费用。对于污泥未妥善处理处置的,可按照有关规定核减城镇污水处理厂对主要污染物的削减量。

城镇污水处理厂的污泥可在污水处理厂内就地处理,也可在污水处理厂外新建的专用污泥处理厂单独处理,污泥处理厂可服务于一个或多个污水处理厂,并宜靠近污水处理厂或污泥产品处置方集中地区。

2.2 上海市污泥处理处置规划实例

2.2.1 城市概况与污泥处理处置现状

《上海市城镇排水污泥处理处置规划》于 2008 年完成。

上海地处长江三角洲冲积平原的边缘,我国南北海岸的中心。其北界长江,东濒东海,南临杭州湾,西接江苏、浙江两省,其中心位置位于北纬 31°14′,东经 121°29′。全市面积 6340.5 km^2,南北长约 120 km,东西宽约 100 km,陆地面积 6218.65 km^2,全市河湖面积约 121.85 km^2。

截至 2008 年,上海共有城镇污水处理厂 50 座,总处理能力为 $672.25 \times 10^4\ m^3/d$,实际处理量为 $481.18 \times 10^4\ m^3/d$,污水处理率为 75.5%。

20 世纪 90 年代前,由于上海市的污水处理厂处理规模均较小,污泥处理的矛盾并不突出，主要的处理途径是污泥经浓缩脱水后，外运至市郊或运至农村土地利用。

20 世纪 90 年代后，为了探索上海市污水处理厂污泥处置的方式，在桃浦地区建成了第一座污泥卫生填埋试验场，将曹杨污水处理厂污泥脱水后运至桃浦填埋场填埋处置，填埋场占地 3500 m^2，但由于规模小、对周边环境影响较大，该填埋场目前已停止使用。

1998 年起，金山石化水质净化厂和桃浦污水处理厂分别建成了污泥干化和焚烧装置，金山石化水质净化厂采用热风干燥工艺干燥污泥，设计规模为 200 m^3/d（按污泥含水率约为 80% 计）；桃浦污水处理厂采用脱水流化床直接焚烧工艺，设计规模为 50 m^3/d（按污泥含水率约为 85% 计）。

2001 年起，上海城市排水有限公司和有关单位开始进行污泥固态好氧发酵研究，并在程桥污水处理厂得到推广应用。

2004 年上海石洞口污水处理厂建成了污泥全干化流化床焚烧装置。

2004 年白龙港污水处理厂建成污泥专用填埋场。该填埋场位于白龙港污水处理厂北侧，占地 43 hm^2，污泥填埋有效库容 5 年，但由于脱水污泥含水率较高，污泥的土力学稳定性不足以承载推土车辆的重量，汽车运输污泥并倾倒至填埋场后无法进行正常的推土填埋作业，从而导致污泥填埋场无法正常使用，尤其是在雨天时更为困难。因此，白龙港污水处理厂的污泥也只能经浓缩、脱水后，送至老港填埋场填埋处置。

目前，上海市中心城区的其他中小型污水处理厂的污泥，基本采用浓缩脱水后委托环卫部门外运至老港填埋场填埋的处置方式。

目前，上海各郊区污泥处理处置主要为脱水后外运填埋处置，以减量化为主，无害化、稳定化程度较低，资源化利用比例更少。

目前，上海市污泥处理处置的方式主要为以下几种：

（1）污泥浓缩脱水后填埋处置。2007 年，全市 48 座污水处理厂中，共 45 座污水处理厂的 2125 m^3/d 污泥（含水率约为 80%）采用浓缩、脱水后填埋的处置方法，占全市污泥处理总量的 88.66%。

其中，中心城竹园、白龙港及分散的中小型污水处理厂的污泥经浓缩脱水后进入城市固化废弃物处理处置系统填埋处置，处理污泥量 1684 m^3/d（污泥含水率约为 80%），占全市污泥处理总量的 70.26%。

杭州湾沿岸区域内，周浦、南汇中部、临港新城、南桥及奉贤东部、西部 6 座污水处理厂污泥经脱水后，运至垃圾填埋场填埋处置，处理污泥量 88.4 m^3/d（污泥含水率约为 80%），占全市污泥处理总量的 3.69%。

西部嘉定及黄浦江上游区域中，嘉定新城、青浦、松江新城、枫亭等共 22 座污水处理厂的 335.2 m^3/d 污泥（含水率约为 80%）采用脱水后填埋处置，占全市污泥处理总量的 13.98%。

崇明三岛区域内，城桥、长兴、陈家镇 3 座污水处理厂污泥经脱水后，运至垃圾填埋场填埋处置，处理污泥量 17.4 m^3/d（按污泥含水率约为 80% 计），占全市污泥处理总量的 0.73%。

（2）污泥浓缩脱水后焚烧。2007 年，全市 48 座污水处理厂中，石洞口及桃浦污水处理厂污泥采用脱水后焚烧（或脱水后干化）的处理方法，处理污泥量 268.75 m^3/d（按污泥含水率约为 80% 计），占全市污泥处理总量的 11.21%。

(3) 污泥固态好氧发酵后土地利用。2007 年,全市仅程桥污水处理厂污泥采用固态好氧发酵后土地利用的处理处置方式,处理污泥量 3.06 m^3/d(按污泥含水率约为 80% 计),占全市污泥处理总量的 0.13%。

2007 年,上海市运行的 48 座污水处理厂中,88.66% 的污泥采用了浓缩或脱水后填埋的处理处置方法,11.21% 的污泥采用焚烧处理,0.13% 的污泥固态好氧发酵后土地利用,总体上污泥以减量化为主,稳定化、无害化处理程度比较低,资源化利用率更低。尤其是郊区污水处理厂,污泥多为委托处理,具体填埋或外运出路不明,存在二次污染的风险和隐患。

近期,上海市城镇污水处理厂污泥处理处置状况如表 2-3 和表 2-4 所示。

表 2-3 2007 年上海市城镇污水处理厂污泥状况

区 域	污水处理厂名称	2007 年设施规模 /$m^3 \cdot d^{-1}$	2007 年处理水量 /$m^3 \cdot d^{-1}$	污泥量(含水率为 80%) /$m^3 \cdot d^{-1}$	污泥处理处置方式
东部区域(中心城、闵行区)	石洞口污水处理厂	40.00×10^4	36.80×10^4	230.00	脱水 + 干化 + 焚烧 + 填埋
	竹园污水处理厂	220.00×10^4	157.58×10^4	787.90	脱水 + 填埋
	白龙港污水处理厂	120.00×10^4	125.10×10^4	638.01	离心脱水 + 填埋
	北郊污水处理厂	2.00×10^4	1.81×10^4	11.31	重力浓缩 + 填埋
	吴淞污水处理厂	4.00×10^4	3.69×10^4	23.06	带机脱水 + 填埋
	泗塘污水处理厂	2.00×10^4	2.31×10^4	14.44	重力浓缩 + 填埋
	曲阳污水处理厂	6.00×10^4	5.64×10^4	35.25	脱水 + 填埋
	东区污水处理厂	3.50×10^4	3.03×10^4	18.94	重力浓缩 + 填埋
	天山污水处理厂	7.50×10^4	5.78×10^4	36.13	重力浓缩 + 填埋
	闵行污水处理厂	5.00×10^4	4.53×10^4	28.31	重力浓缩 + 填埋
	龙华污水处理厂	10.50×10^4	8.72×10^4	54.50	脱水 + 填埋
	长桥污水处理厂	2.20×10^4	2.35×10^4	14.69	重力浓缩 + 填埋
	程桥污水处理厂	0.50×10^4	0.49×10^4	3.06	固态好氧发酵 + 土地利用
	桃浦污水处理厂	6.00×10^4	6.20×10^4	38.75	脱水 + 焚烧 + 填埋
	莘庄污水处理厂	4.00×10^4	3.48×10^4	21.75	重力浓缩 + 填埋
	小 计	433.20×10^4	367.51×10^4	1956.10	
杭州湾沿岸区域(南汇区、奉贤区)	周浦污水处理厂	1.25×10^4	1.71×10^4	10.69	脱水 + 填埋
	南汇污水处理厂	5.00×10^4	5.32×10^4	33.25	脱水 + 填埋
	临港新城污水处理厂	5.00×10^4	0.64×10^4	4.00	脱水 + 填埋
	奉贤东部污水处理厂	5.00×10^4	1.33×10^4	8.31	脱水 + 填埋
	奉贤南桥污水处理厂	1.00×10^4	1.04×10^4	6.50	脱水 + 填埋
	奉贤西部污水处理厂	10.00×10^4	4.10×10^4	25.63	脱水 + 填埋
	小 计	27.25×10^4	14.14×10^4	88.38	
西部区域(嘉定区、青浦区、松江区、金山区)	嘉定新城污水处理厂	3.00×10^4	3.19×10^4	19.94	脱水 + 填埋
	嘉定大众污水处理厂	5.00×10^4	6.54×10^4	40.88	脱水 + 填埋
	安亭污水处理厂	5.00×10^4	4.75×10^4	29.69	与生活垃圾固态好氧发酵 + 填埋

续表 2-3

区　域	污水处理厂名称	2007 年设施规模 /m³·d⁻¹	2007 年处理水量 /m³·d⁻¹	污泥量(含水率为 80%) /m³·d⁻¹	污泥处理处置方式
西部区域（嘉定区、青浦区、松江区、金山区）	嘉定北区污水处理厂	5.00×10^4	0.00	0.00	
	青浦污水处理厂	1.50×10^4	1.79×10^4	11.19	脱水+填埋
	青浦第二污水处理厂	6.00×10^4	6.42×10^4	40.13	脱水+填埋
	练塘污水处理厂	0.60×10^4	0.49×10^4	3.06	脱水+填埋
	朱家角污水处理厂	1.50×10^4	0.91×10^4	5.69	脱水+填埋
	徐泾污水处理厂	2.50×10^4	1.99×10^4	12.44	脱水+填埋
	金泽污水处理厂	0.25×10^4	0.00	0.00	脱水+填埋
	西岑污水处理厂	0.25×10^4	0.00	0.00	脱水+填埋
	华新污水处理厂	1.70×10^4	0.37×10^4	2.31	脱水+填埋
	松江污水处理厂	6.80×10^4	6.74×10^4	42.13	部分厌氧消化+脱水+填埋
	松江东部污水处理厂	7.00×10^4	4.37×10^4	27.31	脱水+填埋
	松江西部污水处理厂	5.00×10^4	3.92×10^4	24.50	脱水+填埋
	松江东北部污水处理厂	7.00×10^4	5.97×10^4	37.31	脱水+填埋
	叶榭污水处理厂	1.70×10^4	0.43×10^4	2.69	脱水+填埋
	泖港污水处理厂	0.40×10^4	0.27×10^4	1.69	脱水+填埋
	枫亭污水处理厂	3.00×10^4	1.82×10^4	11.38	脱水+填埋
	枫泾污水处理厂	1.40×10^4	0.85×10^4	5.31	脱水+填埋
	新江污水处理厂	5.00×10^4	2.81×10^4	17.56	脱水+填埋
	小　计	69.60×10^4	53.63×10^4	335.19	
崇明三岛区域	城桥污水处理厂	2.50×10^4	1.89×10^4	11.81	脱水+填埋
	长兴污水处理厂	2.50×10^4	0.80×10^4	5.00	脱水+填埋
	陈家镇污水处理厂	0.20×10^4	0.10×10^4	0.63	脱水+填埋
	小　计	5.20×10^4	2.79×10^4	17.44	
合　计		535.25×10^4	438.07×10^4	2397.10	

表 2-4　2007 年上海市城镇污水处理厂污泥处理处置状况

污泥处理处置	污泥处理				污泥处置			
分类方法	重力浓缩	脱水	固态好氧发酵或厌氧消化	合计	填埋	焚烧	土地利用	合计
处理处置量(含水率为 80%)/m³·d⁻¹	145.56	2218.79	32.75	2397.10	2125.29	268.75	3.06	2397.10
处理处置比例/%	6.07	92.56	1.37	100.00	88.66	11.21	0.13	100.00

2.2.2 污泥处理处置规划原则

2.2.2.1 注重环境保护,注意资源利用的原则

在选择污泥处理处置方式的过程中,首先,考虑环境与人类的协调关系,将那些能够更好地与环境协调的处理处置方法放在首位。其次,由于污泥的处理与处置对环境造成的二次污染不可能绝对避免,因此,应将污泥处理处置与资源利用相结合,尽可能减轻污泥处理处置过程对环境的影响。

2.2.2.2 污水污泥同步处理的原则

污泥处理处置是污水处理过程中的一个重要组成部分,其处理处置程度是评价污水处理好坏的重要依据。如若污水、污泥处理不同步,就相当于把污水中的有害物质分解后又投放到土地或大气中,促使处理的难度进一步加大。因此,在确保污水处理的同时,必须同步实施污泥的处理处置设施。

2.2.2.3 处理和处置统一协调的原则

既要从技术、经济、社会、环境等角度对污泥处理的方法进行综合分析,降低污泥的处理成本;同时,又要根据污泥的最终消纳利用情况,在进行全面科学论证的基础上,因地、因时、因水制宜,正确处理好污泥处理与处置关系。根据上海特点,多种处置方式并存互补,形成如下的污泥处置格局:中心城区以焚烧后建材利用为主,兼顾土地利用及卫生填埋;各郊区县以土地利用为主,建材利用和卫生填埋为辅。

2.2.2.4 统一规划、远近结合、突出重点的原则

污泥处理处置规划必须结合上海市城市总体规划、上海市污水处理系统专业规划修编,坚持集中与分散相结合,立足现状并兼顾远期需求,全面规划,合理布局,突出重点,分步实施,满足环境保护和污泥处理处置可持续发展的需要。

2.2.3 污泥处理处置规划方案

污水处理厂污泥的处理处置以污水处理系统的区域为基础,按六大区域进行,各污水处理系统内工业污水处理厂的污泥规划,由企业自行进行达标处理来解决。中心城区的石洞口、竹园、白龙港区域的污泥以集约化处理为主,其他区域以区县为单位、集中与分散相结合,以组团式处理为主,并按照处理集约化,处置多样化的原则,近远期结合,分期、分步实施。

(1) 石洞口污水处理区域,规划扩建石洞口污泥焚烧处理厂,规模为431.3 m^3/d(污泥含水率为80%,合干污泥86.3 t/d),服务对象为石洞口区域的石洞口、吴淞、泰和污水处理厂及竹园区域的桃浦污水处理厂,污泥处理处置方式为“脱水+干化+焚烧+建材利用”。

(2) 竹园污水处理区域,规划新建竹园污泥焚烧处理厂,规模为1200 m^3/d(污泥含水率为80%,合干污泥240 t/d),服务对象为竹园区域的竹园第一、第二及曲阳、泗塘污水处理厂,污泥处理处置方式为“脱水+干化+焚烧+建材利用”。

(3) 白龙港污水处理区域,规划新建白龙港污泥厂,规模为2265 m^3/d(污泥含水率为80%,合干污泥453 t/d),服务对象为白龙港区域各污水处理厂,污泥处理处置方式为:近期先实施“厌氧消化+脱水+干化(部分)+土地利用”,并根据白龙港污水处理厂消化后的泥质和土地消纳的情况,保留污泥建材利用的可能(如作为水泥添加料等)。远期(2020年),

在利用原有设施的基础上,对新增污泥采用“脱水＋干化＋焚烧后建材利用”,同时,保留近期实施的消化污泥进行焚烧的可能性,并在用地规模上予以控制。

（4）杭州湾沿岸污水处理区域:1）规划新建奉贤污泥处理厂,奉贤东部、西部污水处理厂污泥近期采用“脱水＋固态好氧发酵＋卫生填埋（老港填埋场）”,远期视其污泥的性质,在原污泥处理工艺的基础上,保留污泥土地利用或焚烧的可能性,并在东厂控制污泥焚烧用地,用地规模按奉贤区东厂、西厂的污泥共同焚烧安排。污泥处理厂规模为231.3 m^3/d（污泥含水率为80%,合干污泥46.3 t/d）,服务对象为奉贤西部、奉贤东部污水处理厂。2）临港新城污水处理厂的污泥采用“脱水＋固态好氧发酵＋卫生填埋”,污泥处理厂规模为303.1 m^3/d（污泥含水率为80%,合干污泥60.6 t/d）。3）南汇中部污水处理厂污泥量100 m^3/d（污泥含水率为80%,合干污泥20 t/d）,污泥处理处置方式为“脱水＋固态好氧发酵＋卫生填埋（老港填埋场）”。

（5）嘉定及黄浦江上游污水处理区域,规划新建7座污泥处理厂。1）嘉定污泥处理厂,规模为300 m^3/d（污泥含水率为80%,合干污泥60 t/d）,服务对象为嘉定新城、嘉北、安亭及南翔污水处理厂,污泥处理处置方式为:近期各厂采用“脱水＋固态好氧发酵＋土地利用”,远期保留各污水处理厂污泥焚烧的可能,在嘉北污水处理厂控制保留嘉定污泥处理厂污泥焚烧用地。2）青浦北部污泥处理厂（青浦热电厂）,规模（按干污泥计）为53.1 t/d,服务对象为青浦区北部规划8座污水处理厂,污泥处理处置方式为“脱水＋干化＋与煤混烧＋建材利用”。3）青浦南部污泥处理厂,规模（按干污泥计）为6.9 t/d,服务对象为青浦区南部规划4座污水处理厂,污泥处理处置方式为:“脱水＋固态好氧发酵＋土地利用”。4）松江北部污泥处理厂,规模（按干污泥计）为60.3 t/d,服务对象为松江新城、松江东部、东北部及西部第一、第二污水处理厂,污泥处理处置方式为:“脱水＋固态好氧发酵＋土地利用”。5）松江南部污泥处理厂,规模（按干污泥计）为6 t/d,服务对象为叶榭、泖港、新浜污水处理厂,污泥处理处置方式为:“脱水＋固态好氧发酵＋土地利用”。6）金山北部污泥处理厂,规模（按干污泥计）为14.4 t/d,服务对象为朱泾、枫泾、兴塔污水处理厂,污泥处理处置方式为:“脱水＋固态好氧发酵＋土地利用”。7）金山南部污泥处理厂,规模（按干污泥计）为24.4 t/d,服务对象为廊下、新江及金山第二污水处理厂,污泥处理处置方式为:“脱水＋干化＋焚烧＋建材利用”。

（6）崇明三岛污水处理区域,规划新建2座污泥处理厂。1）规划在崇明岛及横沙岛分别新建崇明、横沙污泥处理厂,规模（按干污泥计）分别为37.5 t/d、1.25 t/d,服务对象为崇明岛的6座及横沙污水处理厂,污泥处理处置方式为“脱水＋固态好氧发酵＋土地利用”。2）规划长兴岛污水处理厂污泥量（按干污泥计）为7.5 t/d,污泥处理处置方式为:“脱水＋固态好氧发酵＋卫生填埋”,填埋场地为长兴岛生活垃圾综合处理厂,远期结合长兴岛固体废弃物处理场的搬迁,污泥一并运至崇明岛进行处置。

白龙港污泥填埋场,拟对其进行改造,作为上海应急污泥填埋场,用于石洞口、竹园、白龙港污泥焚烧厂突发事件的应急设施,以及白龙港污水处理厂土地利用污泥春夏季节的临时堆场。

各污水处理区域污泥处理处置规划情况见表2-5。

表 2-5 上海市规划各污水处理区域污泥处理处置方案

污水片区	规划污泥处理厂	规模(按干污泥计)/$t \cdot d^{-1}$	污泥处理	污泥处置
石洞口区域	石洞口污泥处理厂	76.88	脱水+干化+焚烧	建材利用
竹园区域	竹园污泥处理厂	239.38	脱水+干化+焚烧	建材利用
白龙港区域	白龙港污泥处理厂	407.5	厌氧消化+部分干化+焚烧	建材利用
杭州湾沿岸区域	老港污泥处理厂	20	脱水+固态好氧发酵	卫生填埋
	奉贤污泥处理厂	46.25	脱水+固态好氧发酵 或脱水+干化+焚烧	土地利用或建材利用
	临港污泥处理厂	60.63	脱水+固态好氧发酵 或脱水+干化+焚烧	土地利用或建材利用
嘉定及黄浦江上游区域	嘉定污泥处理厂	60	脱水+固态好氧发酵 或脱水+干化+焚烧	土地利用或建材利用
	青浦北部污泥处理厂	53.13	脱水+干化+与煤混烧	建材利用
	青浦南部污泥处理厂	6.88	脱水+固态好氧发酵	土地利用
	松江北部污泥处理厂	60.25	脱水+固态好氧发酵	土地利用
	松江南部污泥处理厂	6	脱水+固态好氧发酵	土地利用
	金山北部污泥处理厂	14.38	脱水+固态好氧发酵	土地利用
	金山南部污泥处理厂	24.38	脱水+干化+焚烧	建材利用
崇明三岛区域	崇明污泥处理厂	37.5	脱水+固态好氧发酵	土地利用
	横沙岛污泥处理厂	1.25	脱水+固态好氧发酵	土地利用

从表 2-5 可以看出,上海污泥处理处置规划主要采用了脱水+干化+焚烧+建材利用和脱水+固态好氧发酵+土地利用两种处理处置方案。一般污泥焚烧处理后均采用建材利用的处置方式,且规模较大的污泥处理厂(污泥量(按干污泥计)不小于 60 t/d)绝大部分均考虑采用脱水+干化+焚烧+建材利用的处理处置方案。而规模较小的污泥处理厂一般采用脱水+固态好氧发酵+土地利用。

根据规划,到 2012 年,上海市污水处理厂污泥产生量(按干污泥计)为 639 t/d,有效处理量为 550 t/d,污泥有效处置率达到 85% 以上,其中,用于土地利用的污泥量为 270 t/d;用于卫生填埋的污泥量为 59 t/d;用于焚烧后建材利用的污泥量为 221 t/d,未经有效处理的污泥量为 89 t/d。到 2020 年,上海市污水处理厂污泥产生量为 1202 t/d,污泥有效处置率达到 95% 以上,其中,用于土地利用的污泥量为 458 t/d;用于卫生填埋的污泥量为 81 t/d;用于焚烧后建材利用的污泥量为 663 t/d。

2.2.4 近期实施计划

根据上海市城镇排水污泥处理处置规划,近期将完成以下计划:

(1) 完成石洞口污泥焚烧厂脱水设施达标改造,规模(按干污泥计)为 50 t/d。

(2) 完成竹园污泥处理厂工程建设,规模(按干污泥计)为 150 t/d。

(3) 完成白龙港污泥处理厂工程建设,规模(按干污泥计)为 240 t/d。

（4）根据第四轮环保三年行动计划，完成嘉定安亭、嘉定北部、青浦练塘、松江新城、金山兴塔、奉贤东部、奉贤西部、南汇中部污水处理厂等污泥固态好氧发酵处理设施建设。

2.3　深圳市污泥处理处置规划实例

2.3.1　城市概况与污泥处理处置现状

《深圳市污泥处置布局规划（2006—2020）》于2006年完成。

深圳市总面积2020 km^2，东临大亚湾、大鹏湾并接惠州市，北接东莞市，西临珠江口，南与香港相接。深圳特区内人口数量处于饱和状态，特区外人口正处在增长的势头中。二十多年来，深圳市的经济飞速发展。

深圳市规划污泥包括污水处理厂污泥、给水厂污泥、河道淤泥、通沟污泥、栅渣和沉砂池污泥六类。对于各污水处理厂的污泥，一般是经脱水后，车运至垃圾填埋场，开始是随便乱倒，后来发现这样做，严重影响垃圾填埋操作，因此，近来采用先装在编织袋里，后置于垃圾场内的方法作为最终处置。

水厂、企业内类城市污水处理设施排出的污泥，则多与生活垃圾混装混运，最后倾倒于垃圾填埋场；个别单位或在个别时限，也会把污泥偷排入河道，对环境造成不良影响。

对于河道清出的淤泥，一般会在河边放置一段时间，然后再运往填埋场填埋，或者是就地填埋在河边的空地和低洼地。

化粪池粪渣，主要由各街道负责管理清运，通过抽粪车运至垃圾填埋场。由于深圳市整体规划中缺少接纳粪渣的集中处理设施，粪渣乱倒现象严重，特别是随意倾倒在雨水管道，严重威胁雨水管道的安全，对环境造成较大的影响。

通沟污泥和沉砂池污泥，由吸泥车吸出后，车运至填埋场填埋。

对于排水泵站栅渣和污水处理厂栅渣，一般是压实后与垃圾一并处置。

2.3.2　污泥处理处置规划原则

（1）污泥稳定化、无害化、减量化、资源化原则；

（2）坚持可持续发展理念，以人为本、经济效益、社会效益和环境效益相统一原则；

（3）与建设现代化国际城市相衔接，适度超前原则。

2.3.3　污泥处理处置规划方案

根据污泥处理处置规划原则，深圳市规划方案有如下特点。

2.3.3.1　绝大部分污水处理厂无毒污泥集中处理

集中处理相对于分散处理，有减少污泥处理费用、提高管理效率、改善各污水处理周边环境、便于能源有效利用等方面的优点。

此类污泥的处理工艺，主要推荐两种：热干化+焚烧和作为绿化用肥（采用热干化工艺或堆肥工艺）。

推荐工艺使用的空间分布为：

（1）热干化-焚烧工艺：宝安区；

（2）热干化工艺：龙岗区。

2.3.3.2 河道淤泥单独处置

深圳市河道清淤底泥处置实施方案原则是尽量作为填海填料和适当的工程低洼地填方用土,在填海工程不需要填料、清淤底泥不满足工程要求或者总体经济性不好时才选择填埋。填埋去向为废弃采石场。

2.3.3.3 其他来源污泥分散处理处置

A 给水厂污泥

给水厂污泥成分主要是絮凝剂和悬浮泥沙等无机物,经脱水后,就近填埋场填埋。

小型水厂污泥,脱水后,就近作砂土处置。

B 污水处理厂沉砂池污泥

污水处理厂沉砂池污泥主要是无机砂粒,可直接送去填埋。

C 通沟污泥

通沟污泥其中80%为砂粒,而且量少,可送去填埋,或就近作砂土。

D 栅渣

其成分多为漂浮的有机物,压实后,经石灰稳定处理进行卫生填埋,或者运至垃圾焚烧厂焚烧。

深圳市污泥处理处置对策汇总见图2-1。

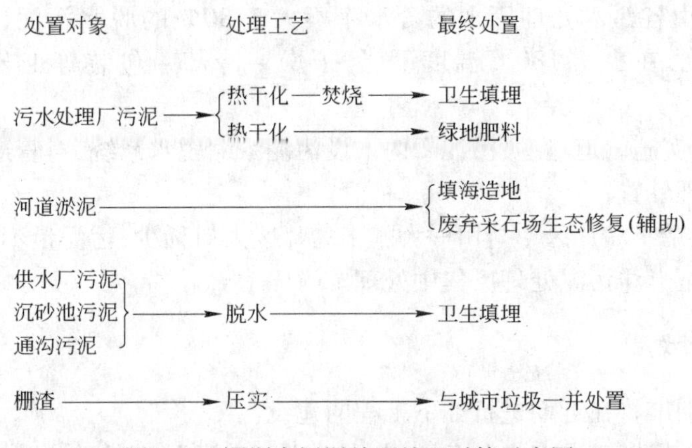

图2-1 深圳市污泥处理处置对策示意图

根据深圳市的自然地理特点、流域分布特征及社会经济状况,把深圳市划分为以下四个污泥处理片区:

(1)深圳河湾—珠江口片区 由于在南山热电厂开展深圳循环经济污泥干化项目(一期),占地面积约0.95 hm^2,承担了南山污水处理厂的脱水污泥(含水率为80%);南山污水处理厂内的污泥处理用地予以保留,其可行性需开展环境影响评价;深圳河湾—珠江口片区除南山污水处理厂外,其余污水处理厂的污泥近期可运往其他片区的污泥处理厂进行处理,远期根据届时情况进行调整。

(2)茅洲河—观澜河流域片区 片区内建设老虎坑污泥处理厂,占地面积8.12 hm^2,集中处理茅洲河—观澜河流域片区的污水处理厂污泥以及深圳河湾—珠江口片区的固戍、蛇口、西丽和福田等污水处理厂污泥。

近期,由各车辆送来的含水率不大于80%的各污水处理厂污泥和企业无毒污泥,经过料斗，直接进入污泥返料混拌干化－焚烧系统。污泥干化推荐采用返料混拌干化工艺，焚烧炉推荐采用循环流化床焚烧炉，灰烬就近在老虎坑垃圾填埋场填埋；尾气经净化系统处理后达标排入大气。脱水系统滤出液返回污水处理厂进行处理。

而远期建议开展管道输泥的相关研究，各污水处理厂由压力管道输送来的含水率约99%的原污泥，经污泥厂内的浓缩脱水系统脱水至75%～80%后，进入干化－焚烧系统。污泥厂内必须增设污泥浓缩脱水系统。污水处理厂中原来的污泥脱水系统，可改作污泥泵房或污水深度处理用地。污泥转输管拟采用钢管，注意防腐。

（3）龙岗河—坪山河流域片区　片区内建设上洋污泥处理厂，具体位置在上洋污水处理厂预留用地，占地面积5.5 hm^2，集中处理龙岗河—坪山河流域片区、盐田—大鹏半岛片区的污水处理厂污泥以及深圳河湾—珠江口片区的滨河、罗芳、草埔、沙湾、埔地吓等污水处理厂污泥。远期规模可根据深圳河湾—珠江口片区的污水处理厂污泥去向进行调整，预留拓展空间。

为实践循环经济理念，在可能条件下，各种资源应最大限度利用，也是建设深圳市龙岗生态示范区的重要组成部分。因此，推荐上洋污泥处理厂采取绿化用肥的污泥最终出路，这与筹备中的污泥处置设想完全衔接。不过，本规划从控制二次污染和占地角度出发，仅推荐污泥干化处理工艺。最终工艺经可行性研究决定。

近期，经车运由各污水处理厂来的含水率不大于80%的脱水污泥，经料斗进入污泥返料混拌干化系统，在小于180℃温度下，经干燥－冷却－包装等工艺，即运往各绿地使用。

远期同样建议实施管道输送，污泥厂内增设污泥浓缩脱水系统，对管道输送的污泥进行脱水，再进一步处理处置。

（4）盐田—大鹏半岛片区　盐田—大鹏半岛片区人口稀少，污泥量不大，不宜单独建设污泥处理厂，可运至上洋污泥处理厂集中处理。

2.3.4　近期实施计划

根据规划，深圳市将在近期进行如下工程的建设：

（1）按2010年规模建设宝安老虎坑、龙岗上洋两座污泥处理厂，投入运营，并预留扩建用地；

（2）开展深南电循环经济污泥干化项目；

（3）此前完成相关项目的可研、环评、初步设计、施工设计等项前期工作；

（4）购置污泥处理厂所需污泥运输车。

2.4　常熟城市污泥处理处置规划实例

2.4.1　城市概况与污泥处理处置现状

《常熟市污泥处理处置专项规划（2009—2020）》于2009年完成。

常熟市地处长江三角洲，行政上受江苏省苏州市管辖，总面积为1264 km^2。

常熟市现有的污泥处理处置单位如下：两家垃圾焚烧厂，其中一家生活垃圾焚烧场，一家危险固体废物焚烧厂；一家生活垃圾填埋场；一家有机堆肥场；一家制砖厂。

目前,常熟市的生活污泥基本出路已有,即送往田娘堆肥场进行堆肥处置和送往中信墙材制砖厂制砖处理。此外,危废类污泥中除造纸污泥自行焚烧处理外,其他电镀、化工类污泥均送往苏州、昆山等地的静脉企业进行资源化处理处置。目前,常熟市仍700 t多污泥未能得到合理有效的处置。

2.4.2　污泥处理处置规划原则

根据常熟市污泥处理处置的特点,提出常熟市污泥处理处置规划的基本思路;污泥处理处置和管理的总体模式以及污泥源头减量、处理和资源化利用规划;污泥处理设施规划;污泥处理处置的污染控制与环境保护规划;近期行动、目标可达性分析与优先项目;规划落实、管理与经营对策。

2.4.3　污泥处理处置规划方案

基于常熟市目前的污泥产生量和未来的污泥产生预测量,目前未得到有效处理处置的污泥量约为700 t/d,近期(2010年)的污泥产生总量为1372.82 t,远期(2020年)污泥产生总量为1598.92 t。为了使常熟市内所有污泥都得到合理有效的处置,使其近期(2010年)达到污泥无害化率100%,资源化率25%;远期(2020年)达到污泥无害化率100%,资源化率45%的目标,该市的污泥处理处置设施规划如表2-6所示。

表2-6　常熟市污泥处理处置设施近远期规划

处置方式	处置单位	所在地	处理污泥类型	污泥消化量/t·d^{-1}		备注	
				近期	远期	近期	远期
堆肥	江苏田娘农业科技有限公司	古里镇白茆	生活污泥	60	90	市内全部生活污泥都送往此处进行堆肥处置	有扩建打算;污泥消化潜力较大
制砖	中信节能墙材	练塘镇	印染污泥或混合污泥	30	0	总体污泥消化能力不大;近期无扩建计划	污泥消化潜力不大,且未来不确定性大
焚烧	浦发生活垃圾焚烧发电厂	辛庄南湖镇沈浜村	印染污泥或混合污泥	100	0	污泥消化潜力较大;二期扩建规模拟为700~1000 t/d	污泥消化潜力变小;由于该单位要负责消纳常熟市所有的生活垃圾
	江苏康博工业固体废弃物处置有限公司	沿江开发区	危废污泥	10	50	二期扩建投产后固体危险废物处理量为18000 t/a	五期建成投产后,危险类污泥处理量为50 t/d
	苏源热电厂	大义镇	印染污泥	200	200	技改后,两台75 t循环流化床锅炉每天能焚烧200 t印染污泥	无扩建打算,因此污泥处理量不变
	大义污水处理厂	大义镇	印染污泥	200	0	该厂污泥处置站建成后,日可以减少污泥污染200 t,产出60 t左右可做燃料的干泥	未来可考虑与污泥干化制燃料厂合并,合计污泥处理能力为400 t/d
	理文造纸焚烧厂	沿江开发区	造纸污泥	550	600	污泥焚烧设备能够完全消化自身产的污泥,处理能力尚有富余	全市的造纸污泥都送往此处处理处置,根据对造纸污泥的产量预测

续表 2-6

处置方式	处置单位	所在地	处理污泥类型	污泥消化量 /t·d⁻¹		备　注	
				近期	远期	近　期	远　期
综合利用	拟新建电镀污泥综合利用场	沿江开发区（康博厂区内）	电镀及重金属污泥	20	35	拟建综合处理场，占地 100 亩	在 2010 年的基础上扩建，预扩近一半规模
	拟新建污泥干化制燃料厂	大义污水处理厂附近	印染污泥和混合污泥	0	400	近期拟建处理能力为 400 t/d 的污泥干化制燃料厂，可与大义污泥干化厂合作	投产后处理污泥量为 400 t/d
应急填埋	南湖生活垃圾填埋场	辛庄南湖镇沈浜村	生活污泥或混合污泥	30	30	作为生活污泥和混合污泥的应急填埋场	作为生活污泥和混合污泥的应急填埋场
	浒浦填埋场	碧溪镇	生活污泥或混合污泥	10	10	作为生活污泥和混合污泥的应急填埋场	作为生活污泥和混合污泥的应急填埋场
填埋场覆土	南湖生活垃圾填埋场	辛庄南湖镇沈浜村	印染污泥和混合污泥	400	400	与矿化垃圾混掺作为填埋场覆土	与矿化垃圾混掺作为填埋场覆土
其他处理方式	苏州、昆山等地的危废处理单位	苏州、昆山	危废污泥	30	0	由于处理处置设施的新建，改扩建在近期内无法完全满足全市的污泥处理处置量，故有少部分危废污泥运往外地处置	市内处理处置设施基本能保证对全市的污泥进行完全消化，同时还有部分余力对周边城市的危废污泥进行处置
总　计				1640	1815		

2.4.4　近期实施计划

根据规划，近期将实现规划拟定的阶段性目标：

（1）近期（2010 年）实现污泥无害化率 100%，资源化率 25%。在常熟市拟新建一家电镀和重金属污泥的综合利用场、扩建浦发生活垃圾焚烧发电厂、改建苏源热电厂（正在改建中）、扩建田娘堆肥场、扩建江苏康博工业固体废弃物处置有限公司；

（2）远期（2020 年）实现污泥无害化率 100%，资源化率 45%。将规划继续扩建浦发生活垃圾焚烧发电厂、田娘堆肥场、综合利用场和康博工业固体废弃物处置有限公司。

3 污泥预处理应用实例

3.1 污泥预处理基本原理和方法

典型的污泥处理处置工艺流程一般包括四个阶段:污泥浓缩;污泥消化;污泥脱水;污泥处置。因而,污泥预处理,主要是指为了污泥处理过程中后一个处理环节正常进行而进行的处理。一般而言,污泥调质(调理)是污泥浓缩、污泥脱水或污泥消化的预处理;污泥浓缩是污泥脱水的预处理;污泥脱水是污泥最终处理与处置的预处理。

3.1.1 污泥调理

为了提高污泥浓缩与污泥脱水性能,污泥在处理之前需进行调理,污泥调理主要是指通过各种方法与手段,改变污泥的结构,改善污泥的理化性质,如沉降性能、脱水性能以及污泥活性等等,为后续处理提供有利条件。现代污泥调理技术,按照原理可分为物理调理、化学调理(药剂调理)、联合调理等。

(1) 物理调理:利用物理作用改善污泥理化性质的方法。主要物理调理方法包括机械法、超声波法、热预处理法、微波法、冷冻法、辐射法等。

(2) 化学调理:利用化学反应的作用改善污泥理化性质的方法。最常用的化学调理方法方法是在污泥中加入化学混凝药剂,使污泥颗粒,包括细小的颗粒及胶体颗粒凝聚、絮凝,以改善其脱水性能。另外,还有臭氧法、氯气法和酸碱法等。

(3) 联合调理:因污泥的种类与性质多种多样,采用几种技术的组合以改善污泥的理化性质的方法。主要包括药剂联用、物理调理和化学调理联用技术以及污泥联合调理技术等。

目前,在众多调理方法中,应用最广的还是化学调理中的药剂调理。

3.1.2 污泥浓缩

污泥浓缩是降低污泥含水率,减少污泥体积,以利于后续处理与利用的一种污泥预处理方法,主要目的是使污泥初步减容,缩小后续处理构筑物或设备的容量。污泥浓缩的方法,主要有重力浓缩、气浮浓缩和机械浓缩等。

(1) 重力浓缩:是利用污泥颗粒与水的密度差实现泥水分离的污泥浓缩方法。本质上是一种沉淀工艺,属压缩沉淀。重力浓缩分为连续式和间歇式两种,间歇式重力浓缩主要用于小型污水处理厂,连续式重力浓缩主要用于大中型污水处理厂。

(2) 气浮浓缩:与重力浓缩相反,它是使污泥颗粒附上微细气泡后相对密度减少而被强制上浮至水面,实现泥水分离的污泥浓缩方法。该法适用于颗粒相对密度仅略大于1的污泥,如活性污泥。根据气泡形成的方式,气浮可以分为:压力溶气气浮、生物溶气气浮、涡凹气浮、真空气浮、化学气浮、电解气浮等,在污泥处理中,压力溶气气浮工艺已广泛应用于剩余活性污泥浓缩中,生物溶气气浮工艺浓缩活性污泥也已有应用。

(3) 机械浓缩:通过机械设备进行浓缩的方法,主要有带式浓缩机浓缩、转鼓式浓缩机浓缩、螺旋式浓缩机浓缩、离心式浓缩机浓缩等。前三者是借助自然重力场的作用,通过投加化学絮凝药剂实现污泥浓缩。离心式浓缩是借助于人工重力场的作用,利用污泥颗粒与水密度不同,有不同离心倾向,实现泥水分离的一种污泥浓缩方法。

1）带式浓缩机浓缩　带式浓缩机一般与带式脱水机联合使用,根据浓缩机与脱水机的安装关系,可分为一体机、组合机和分体机三种。带式浓缩机一般由框架、进泥配料装置、脱水滤布、可调泥耙和泥坝组成。其浓缩过程是:污泥被均匀摊铺在滤布上,形成薄薄的泥层,在重力作用下实现污泥与空隙水的分离,污泥固体颗粒留在滤布上,进入压榨脱水阶段。深圳罗芳污水处理厂、肇庆污水处理厂等采用了带式机械浓缩机。

2）转鼓浓缩机浓缩　转鼓浓缩机或类似装置浓缩污泥的过程是:先通过聚合电解质絮凝形成大颗粒絮团,随后,絮团进入转鼓浓缩机的转鼓中(转鼓表面覆盖一层合成滤布),转鼓以大约 10 r/min 的速度旋转。水能透过滤布,絮凝后的污泥则留在滤布上。一般而言,污泥可以被浓缩到含固率为 5% ~12%。天津经济技术开发区污水处理厂已经应用转鼓式浓缩机浓缩。

3）螺旋式浓缩机浓缩　螺旋式浓缩机的工作原理类似于转鼓浓缩机,其不同之处在于螺旋式浓缩机绷有滤网的圆柱体外壳固定不动,其内部设置螺旋推进器可转动。

4）离心式浓缩机浓缩　离心式浓缩机浓缩原理是:利用污泥中固液两相的密度不同,在高速旋转的离心机中受到不同的离心力作用而使两者分离,达到浓缩的目的。离心浓缩工艺的动力是离心力,离心力是重力的 500 ~3000 倍。

各种污泥浓缩方法的优缺点比较见表 3-1,供读者设计或选用时参考。

表 3-1　各种污泥浓缩方法的优缺点比较

浓缩方法	优　点	缺　点
重力浓缩	贮存污泥能力强,操作要求较低,运行费用低,动力消耗小	占地面积大,污泥易产生臭气;对于某些污泥工作不稳定,浓缩效果不理想
气浮浓缩	浓缩效果较理想,出泥含水率较低,不受季节影响,运行效果稳定;所需池容积仅为重力法的 1/10 左右,占地面积较小;臭气问题小;能去除油脂和沙砾	运行费用高于重力浓缩法,但低于离心浓缩;操作要求高,污泥贮存能力小,占地比离心浓缩大
带式浓缩机浓缩	空间要求省;工艺性能的控制能力强;投资和能耗相对低;添加很少聚合物便可获得高固体收集率,可以获得高的固体浓度	会产生现场清洁问题;依赖于添加聚合物;操作水平要求较高;存在潜在的臭气和腐蚀问题
转鼓机械浓缩	空间要求省;投资和能耗相对低;容易获得高的固体浓度	会产生现场清洁问题;依赖于添加聚合物;操作水平要求较高;存在潜在的臭气和腐蚀问题
离心浓缩	相同处理能力占地最小;几乎不存在臭气问题	要求专用的离心机,电耗大;对操作人员要求较高

3.1.3　污泥脱水

污泥脱水是将流态的原生、浓缩或消化污泥转化为半固态或固态污泥的一种处理方法,其基本原理是依靠过滤介质两面的压力差,使污泥水分强制通过过滤介质,实现泥水分离。其目的是使污泥进一步减容。脱水后污泥含水率可降至 55% ~80%。污泥脱水的方法主要包括:自然干化法、机械脱水法和造粒法。

3.1.3.1　自然干化

污泥自然干化脱水主要依靠渗透、蒸发与撇除。下渗过程为 2 ~3 天,可使含水率降至约85%。此后主要依靠蒸发,数周后可降至约75%。主要构筑物是污泥干化场,污泥干化场的脱水效果,受当地气候影响较大。一般适宜于在干燥、少雨、沙质土壤地区采用。

3.1.3.2 机械脱水

机械脱水主要有压滤、离心脱水等几种方法。

(1)压滤是将污泥用过滤介质如滤布过滤,使水分通过滤层,脱水污泥被截留在滤层上。压滤法用的设备包括真空过滤机、板框压滤机和带式过滤机等。

1)带式压滤脱水机 带式压滤脱水机的脱水机理是基于上下两条滤带夹带着污泥层,在按规律排列的辊压筒中呈S形运行,依靠滤带张力形成的挤压力和剪切力,把污泥层中的水分挤压出来,实现污泥脱水。目前,国内污水处理厂采用带式压滤脱水机的较多。

2)板框压滤机 板框压滤机,通过压力固定一定数量的表面包有滤布的滤板,在压力的作用下形成一连串相邻的泥室,污泥进入泥室后,在压力的作用下使污泥内的水通过滤布排出,固体物被滤布阻挡在泥室内,形成含水率很低的泥饼,达到脱水目的。它主要由凹入式滤板、框架、自动-气动闭合系统、测板悬挂系统、滤板振动系统、空气压缩装置、滤布高压冲洗装置及机身一侧光电保护装置等构成。

3)真空过滤机 真空过滤机在滤液出口处形成负压作为过滤的推动力,分为转鼓真空过滤机、内滤面转鼓真空过滤机、圆盘真空过滤机、翻斗真空过滤机和带式真空过滤机等多种类型。转鼓真空过滤机过滤面下的空间分成多个隔开的扇形滤室,各滤室有导管与分配阀相通,以吸出滤室内的滤液、洗液,或送入压缩空气。每个滤室回转一圈顺序完成过滤、洗渣、吸干、卸渣和过滤介质(滤布)再生等操作。多个滤室的操作衔接起来形成连续过滤。

(2)离心脱水是借污泥中固、液密度差所产生的不同离心倾向达到泥水分离。离心脱水机主要由转毂和带空心转轴的螺旋输送器、差速器等组成。污泥由空心转轴送入转筒后,在高速旋转产生的离心力作用下,立即被甩入转毂腔内。根据两者离心力的不同而将泥水分离,进而排出脱水机。离心脱水设备主要有卧式离心脱水机和螺旋离心式脱水机。

(3)叠螺污泥脱水机是一种新型脱水设备。其脱水原理是:污泥在浓缩部经重力浓缩,随后被运输到脱水部,在前进的过程中滤缝及螺距逐渐变小,在背压板的阻挡作用下,产生的内压不断缩小污泥容积,达到脱水目的。

3.1.3.3 造粒脱水法

造粒脱水机是一种新设备,主体是钢板制成的卧式筒体,分为造粒部、脱水部和压密部,筒体绕水平轴缓慢转动。其过程如下:经絮凝后的污泥先进入造粒部,在污泥自重的作用下,絮凝压缩,分层滚成泥丸;随后泥丸和水进入脱水部,水从环向泄水斜缝中排出;最后进入压密部,泥丸在自重作用下进一步压缩脱水,形成密实的大颗粒泥丸,推出筒体。

脱水机械主要性能比较如表3-2所示,供读者设计或选择时参考。

表3-2 脱水机械主要性能比较

序号	比较项目	带式压滤脱水机	离心脱水机	板框压滤脱水机	螺旋压榨脱水机
1	脱水设备部分配置	进泥泵、带式压滤机、滤带清洗系统(包括泵)、卸料系统、控制系统	进泥螺杆泵、离心脱水机、卸料系统、控制系统	进泥泵、板框压滤机、冲洗水泵、空压系统、卸料系统、控制系统	进泥泵、螺旋压榨式脱水机、冲洗水泵、空压系统、卸料系统、控制系统
2	进泥含固率要求/%	3~5	2~3	1.5~3	0.8~5

续表 3-2

序号	比较项目	带式压滤脱水机	离心脱水机	板框压滤脱水机	螺旋压榨脱水机
3	脱水污泥含固浓度/%	20	25	30	25
4	运行状态	可连续运行	可连续运行	间歇式运行	可连续运行
5	操作环境	开放式	封闭式	开放式	封闭式
6	脱水设备布置占地	大	紧凑	大	紧凑
7	冲洗水量	大	少	大	很少
8	实际设备运行需换磨损件	滤布	基本无	滤布	基本无
9	噪　声	小	较大	较大	基本无
10	机械脱水设备部分设备费用	低	较贵	贵	较贵
11	单位质量干固体能耗/$kW \cdot h \cdot t^{-1}$	5 ~ 20	30 ~ 60	15 ~ 40	3 ~ 15

3.1.3.4　污泥固化和稳定化

污泥固化和稳定化技术是通过向脱水污泥（含水率为 75% ~ 85%）中添加固化和稳定化材料，通过化学反应使污泥的物理性质、化学性质趋于稳定的方法。固化是指通过提高污泥的强度和降低透水性来改变污泥的物理性质的过程。稳定化是指转化污泥中含有的重金属污染物的形态，构建内封闭系统而改变污泥化学性质的过程。因而，固化和稳定化后的产物具有较高的强度以及较低的透水性，能够满足卫生填埋的要求，也可以直接安全填埋在低洼地方。同时，也可以作为不同资源化利用的预处理手段，而且固化和稳定化后能够对诸如重金属、有机污染物以及病原菌等污染物形成封闭效应并对其生物化学条件进行控制。

3.2　污泥浓缩应用实例

3.2.1　浓缩池的应用

大坦沙污水处理厂为广州市第一座大型城市污水处理厂，设在广州市西郊大坦沙小岛上，占地 200 亩，处理规模为 15×10^4 m^3/d，污水处理工艺采用 A^2/O 法，于 1989 年 11 月建成投产，设计采用了生污泥直接脱水的工艺，由污泥浓缩池、污泥贮池及污泥脱水机房组成，可将污水处理过程中产生的污泥经浓缩和机械脱水后，使污泥含水率从 98% 左右降至 75% ~ 80%，成为干污泥饼后运至卫生填埋场。

大坦沙污水处理厂浓缩池系统的工艺平面图如图 3-1 所示，分两期建设。1 号和 2 号浓缩池及其附属管线、阀门为一期工程所建。来自 1 号和 2 号生产线的剩余污泥通过 1 号分配井，一部分进入 1 号浓缩池，另一部分进入 2 号浓缩池。3 号和 4 号浓缩池及其附属管线、阀门为二期工程所建，来自 3 号生产线的剩余污泥既可借用原初沉池的排泥管线进入 1 号、2 号浓缩池，也可由新建管线进入 2 号分配井并流进 3 号、4 号浓缩池。

排泥方式：一期的 1 号、2 号生产线采用重力排泥的方式，而二期的 3 号生产线由于排泥管线长、弯路多，不宜用重力排泥，设计采用了用泵输送的方式，每台排泥泵的流量为 200 m^3/h，一用一备。

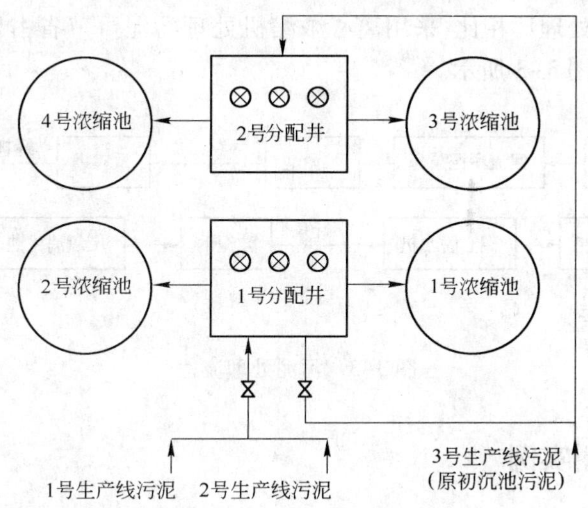

图 3-1　浓缩池平面图

3.2.2　带式浓缩机的应用

河南许昌污水处理厂，设计规模为 16×10^4 t/d，一期建成规模为 8×10^4 t/d。2000 年底投入使用，污水处理工艺为卡罗塞尔氧化沟，实际污水处理量约为 6×10^4 t/d，运行负荷(按 BOD 计)为 0.07 ~ 0.10 kg/(kg · d)。所进污水中 52% 为生活污水。进水水质 COD_{Cr} 为 273 ~ 356 mg/L，BOD_5 为 98 ~ 150 mg/L，SS 为 200 ~ 300 mg/L，NH_3-N 为 15 ~ 20 mg/L；出水水质 COD_{Cr} 为 23 ~ 42 mg/L，BOD_5 为 5 ~ 11 mg/L，SS 为 10 ~ 20 mg/L，NH_3-N 为 2 ~ 4 mg/L。该厂选用了德国 Klein 公司 KS200 浓缩脱水机进行污泥浓缩脱水，一期安装了 2 台，带宽 2000 mm，浓缩段滤带面积为 8 m^2，运行带速为 10 ~ 13 m/min，浓缩段处理能力为 40 ~ 60 m^3/h，进泥含水率须在 99% 以下。浓缩段实际处理量为 48 ~ 52 m^3/h，运行效果与重力浓缩池相同，具有节省用电、节约用地的优点。污泥处理流程如图 3-2 所示。

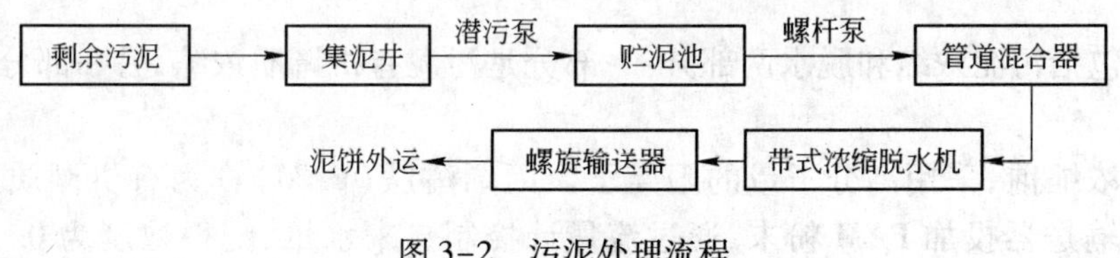

图 3-2　污泥处理流程

3.2.3　离心浓缩机的应用

郑州污水处理厂，设计规模为 80×10^4 t/d，一期建成规模为 40×10^4 t/d，2000 年投入使用，实际污水处理量约为 36×10^4 t/d。该厂采用 A/O 工艺，具有一定脱氮除磷作用。污泥负荷(按 BOD 计)为 0.19 ~ 0.24 kg/(kg · d)，剩余活性污泥含水率为 99.3% ~ 99.7%，脱水性能差，以挤压形式难以脱除自由水，因而选用离心机浓缩。该离心机为德国 Flottweg 公司 Z53—4/454 离心机，进料污泥含水率须小于 99.85%。一期安装 4 台，另外 3 台用于混合污泥消化后脱水。离心机运行时，进料量为 35 ~ 40 m^3/h，浓缩后含水率为 97% ~ 98%。与同规模同工艺的污水处理厂相比，采用离心浓缩机处理污泥可节省占地，但耗电量大，噪声大。污泥处理流程如图 3-3 所示。

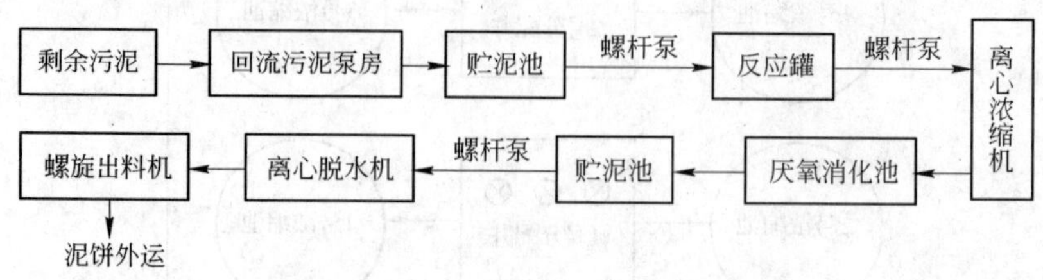

图 3-3　污泥处理流程

3.3　污泥调理应用实例

3.3.1　絮凝剂调理的应用

广州沥滘污水处理厂是广州市第 4 座大型污水处理厂，厂区占地面积 218 亩（14.7×10^4 m^2）。设计总规模为 40×10^4 t/d，分两期工程进行建设；纳污面积 125 km^2。主要的构筑物包括：提升泵房、沉砂池、生物反应池、二沉池、浓缩池、脱水机房、接触池等。

自 2007 年 7 月起，该厂进行了污泥有机调质浓缩和无机调质脱水中型试验，日处理剩余污泥 700 t，其含水率为 99.3%。工艺流程如图 3-4 所示。

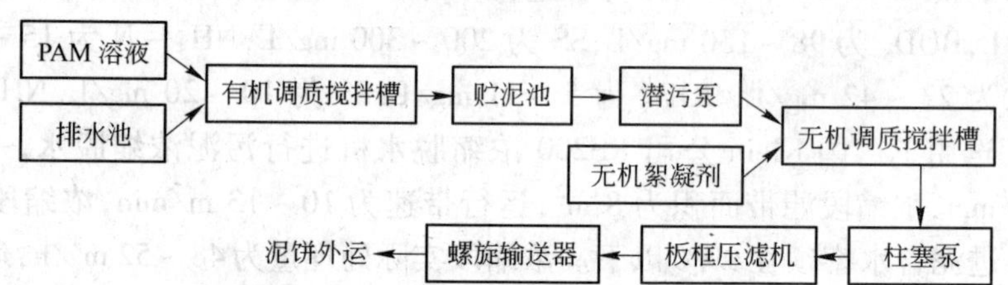

图 3-4　污泥有机调质浓缩和无机调质脱水工艺流程

该试验包括污泥浓缩和脱水两部分：一部分是污泥有机调质浓缩，另一部分是污泥无机调质脱水。

在污泥浓缩前，采用高分子量的阳离子聚丙烯酰胺（PAM）作为有机调质药剂。通过可调速螺旋输送器投加 PAM 粉末，通过流量计控制自来水量，配得浓度为 0. 1% 的 PAM 溶液。含水率为 99% 以上的二沉池剩余污泥被潜污泵抽至有机调质搅拌槽，与配好的 PAM 溶液充分搅拌混合，重力进入采用边进泥边排水运行方式的贮泥池（$B\times L\times H=3$ m $\times3$ m $\times1$ m）。试验结果表明，浓缩污泥含水率随着 PAM 溶液投加量的增加而降低，最佳投加量为 16 ~ 20 mL/L，当 PAM 溶液投加量为 20 mL/L 时，浓缩污泥平均含水率为 93.81%。

浓缩污泥被潜污泵输送至无机调质搅拌槽中。先后经过浓度为 38% 的三氯化铁溶液和石灰粉末调质，三氯化铁溶液通过加药泵投加，石灰粉末通过定速振动器投加，三氯化铁的投加量为 4.5 mL/L，石灰为 10.5 kg/L，注入压力 1.2 MPa，注泥时间约 2 h。调质后的污泥通过柱塞泵注入板框压滤机中，压滤机边注泥边排滤液。注泥结束后拉板卸泥，脱水后污泥含水率为58% ~63%,平均含水率为60.6%,泥饼卸落在压滤机下部的双螺旋输送机中,滤液回流至污水处理系统处理。

经运行成本分析,污泥有机调质浓缩和无机调质脱水工艺处理含水率为99.3%的污泥,总运行成本为1.82元/t,比污泥重力浓缩离心脱水工艺运行成本(约1.75元/t)略高。但由于本工艺的脱水效率较高,脱水污泥量约可减少40%,可节省后续运输和处理处置费用,因而具有较大的经济优势。

3.3.2 加热调理的应用

南宁味精厂年产味精 1.5×10^4 t,于2001年初建成一套味精废水处理系统,使南宁味精厂废水实现了达标排放,但同时产生大量的剩余污泥。污泥主要成分为由大量好氧微生物组成的菌胶团和由这些菌胶团所吸附的有机污染物。污泥中蛋白含量高、黏度大、水合程度高,脱水难度较大。

3.3.2.1 调理方法比较

针对味精废水处理工程剩余污泥的特点,南宁味精厂联合科研单位进行了水浴加热试验、微波加热试验、絮凝试验等一系列研究,结果表明,利用加温和絮凝都能提高污泥的脱水性能,絮凝法效果更佳。其中,聚丙烯酸钠(PAAS)无毒无害,对味精废水处理工程的活性污泥有特殊絮凝效果,价格为7000元/t左右。聚丙烯酰胺投加量较少,效果也比较好,但聚丙烯酰胺具有一定的毒性,影响回收蛋白质的品质。硫酸铝的价格便宜,但投加量大,整体成本较高,且具有一定毒性。根据絮凝剂的用量计算月运行成本,硫酸铝、聚丙烯酸钠、聚丙烯酰胺药剂费用分别为1.64万元/月、0.13万元/月和0.42万元/月,显然,聚丙烯酸钠有明显的优势。但是,采用絮凝方法,实际工程都必须增加溶药设施、药剂混合设备、计量设备和投药设备,运行管理相对复杂。采用加温的方法,虽然具有脱水的效果,但不如絮凝法,且能耗较高,产生一定异味等。但该方法总体成本较低,与絮凝法相比还具有以下优点:简便易行、操作简单、不会影响蛋白质的品质等。因此,加热法是调理味精废水处理工程剩余污泥的可选方法之一。

3.3.2.2 实际工程方案选择及其运行效果

由比较可知,两种改善污泥脱水性能的方法各有优缺点。在实际工程中应该根据实际情况确定方案。南宁味精厂现有蒸汽发生设备,不需要进行设备投资即可利用锅炉剩余热能在污泥输送过程中利用热交换器直接进行污泥加热调理,提高污泥脱水效果。因此,确定南宁味精厂废水处理系统污泥的处理流程如图3-5所示。为进一步提高脱水效果,实际运行时在带式压滤机前投加少量聚丙烯酸钠(质量比为0.2%),污泥含水率可降至60% ~65%。

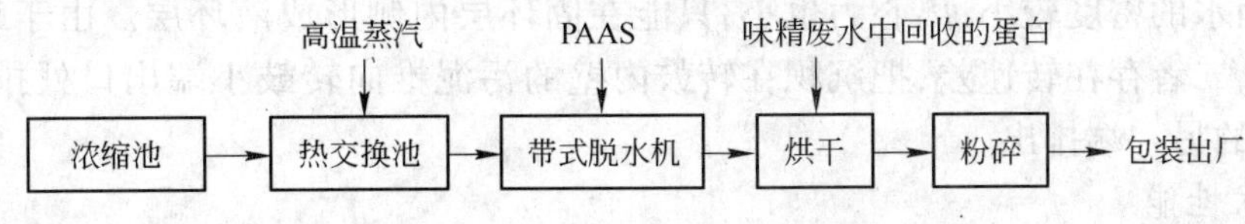

图3-5 南宁味精厂废水处理系统污泥处理流程

该系统运行近半年以来一直稳定可靠,污泥脱水效果良好。味精厂剩余污泥实现了100%回收利用。

3.4　污泥脱水应用实例

3.4.1　卧螺离心脱水机的应用

桂林市北冲污水处理厂扩建工程采用 A^2/O 活性污泥法处理工艺，设计处理污水量 $3 \times 10^4\ m^3/d$，处理工艺所产生的剩余污泥的含水率为98%左右，经脱水处理将含水率降至80%左右外运处置。2005年4月投产试运行以来，采用国外进口阿法拉伐卧螺离心污泥脱水机，选用了2台ALDEC408型卧螺离心脱水机对污泥进行脱水处理。随着市政管网不断完善，处理水量逐年上升，污泥处理量随之增加，2009年平均实际处理水量已达 2.5×10^4 t/d，处理干泥量约3 t/d，并经过一系列污泥处理系统的技术改造，保证了两台机组同时运行，确保了污水处理工艺所产生的剩余污泥及时处理及污水处理工艺正常运行。

3.4.1.1　构成及工作原理

A　机组构成及工艺流程

ALDEC408卧螺离心脱水机组主要由ALDEC408型卧螺离心脱水机、TOMAL全自动絮凝剂制备投加装置、污泥破碎切割机、单螺杆污泥输送泵、加药泵、流量计和全自动控制系统等构成。其工作流程示意图如图3-6所示。

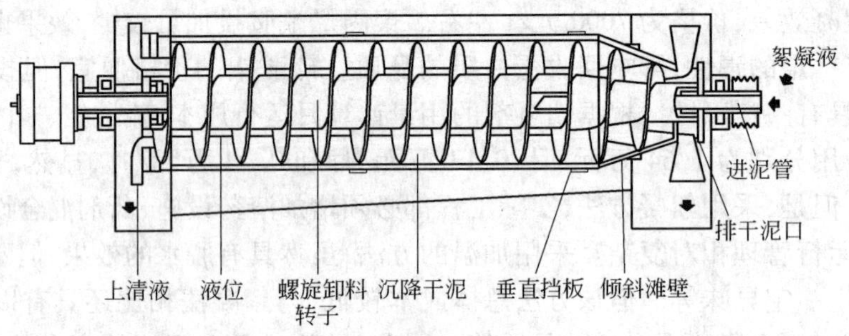

图3-6　ALDEC408卧螺离心脱水机工作流程示意图

B　工作原理

卧螺离心脱水机工艺过程分为：进料、离心、卸料和清洗，其主要作用是把固体从液体中分离出来，主要结构是由高速旋转的转鼓、与转鼓转向相同但转速略低的内置螺旋输送器、进料管、排渣口、排液口、驱动装置、润滑装置、差速控制器等部件组成。泥泵及加药泵将含水率较高的污泥和高分子絮凝剂通过进料管进入离心机圆锥体转鼓腔后，高速旋转的转鼓产生强大的离心力，污泥颗粒由于密度大，离心力也大，因此，污泥被甩贴在转鼓内壁上，形成固环层；而水的密度较小，离心力也小，只能在固环层内侧形成液环层。由于螺旋和转鼓的转速不同，二者存在转速差，把沉积在转鼓内壁的污泥推向转鼓小端出口处排出，分离出的水从转鼓的另一端排出。

C　技术性能

浓缩脱水一体机参数：转鼓内径为353/198 mm，总长度为3572 mm，长径比为5，转速为3600 r/min；分离因数为2557 G；主电机功率为37 kW；螺旋扭矩 M：2500 N·m；差速设定范围 Δn：0～19 r/min；噪声不大于85 dB；污泥处理量为20 m^3/h；泥饼含固（DS）率不小于20%；每1 tDS的絮凝剂投加量 $Q<5$ kg。

3.4.1.2 运行数据及分析

卧螺离心脱水机运行数据如表3-3所示,表3-4所示为离心机进泥和泥饼情况。

表3-3 ALDEC408卧螺离心机机组运行数据

频率/Hz	转鼓转速/$r \cdot min^{-1}$	差转速/$r \cdot min^{-1}$	扭矩/kN·m	主电机电流/A
34.43	2500	6.0	0.65	29.55
34.44	2500	6.0	0.67	29.96
34.45	2500	6.0	0.70	30.15
34.44	2500	6.0	0.71	32.88
34.46	2500	6.0	0.64	29.23
34.43	2500	6.0	0.63	29.09
34.44	2500	6.0	0.71	30.07
34.46	2500	6.0	0.65	29.16

表3-4 离心机进泥和泥饼情况

离心机进泥		泥饼
进泥量/$m^3 \cdot h^{-1}$	进泥含水率/%	含水率/%
10	98.5	81.3
11	98.5	81.9
10.5	98.5	81.8
12	98.5	82.9
11.5	98.5	82.5
13	98.5	82.8
15	98.5	83.9
14	98.5	83.1

A 机组的处理能力

进泥含水率在98%左右的条件下,离心脱水机的处理能力为20 m^3/h,单机最大日处理量为480 m^3/d,生产干泥0.2 t/h,机组运行满足污泥处理工艺要求。

B 机组电耗

ALDEC408型卧螺离心脱水机采用单电机驱动主转鼓产生转动,通过电磁涡流差速器产生速差,控制方便、节约能源。转鼓转速3600 r/min,主电机额定功率为37 kW,额定电流为72 A,经过技术改造后采用变频器控制,主电机可无级多段速调节,实际运行转鼓转速2500 r/min,实际频率为25 Hz,功率约为26 kW,实际电流为34 A,实现每小时节电11 kW,以单机每天运行8 h,每月运行30天计算,月可节电0.264 kW,以每度电0.67元计算,每年运行360天离心脱水机一年可节省电费约2.1万元。

C 絮凝剂的消耗

剩余污泥含水率为98%,满足于污泥浓缩脱水一体化机适用于进泥含水率在99.5%以下的条件,与絮凝剂直接进入一体化污泥浓缩脱水机进行脱水处理。根据污泥性质和设备特点,选择适用的进口高分子聚合物,每吨干泥耗药比约为4.2 kg/t,比带机偏高。

D 机组差转速、电机电流

差转速增大，污泥在离心机内的停留时间缩短，对液环层的扰动加大，污泥的回收率和泥饼的含固率都降低，但增大差转速可提高离心机的处理能力。差转速减少，污泥在离心机内的停留时间延长，对液环层的扰动减轻，污泥回收率和泥饼含固率都提高，但离心机的处理能力降低。因此，离心机的进泥量增加，相应地提高离心机的差转速。在主电机转速一定的条件下，进泥量增加，主电机电流也相应增加。在进泥量一定的条件下，差转速不能太低，否则将由于污泥在机内积累过量，使固环层大于液环层，电机过载而损坏离心机。

3.4.1.3 机组运行中遇到的问题及其处理

(1) 机组启动时频繁出现振动预报警而无法开机。分析是否由于转鼓内腔污泥未冲洗干净，进水冲洗后开机；冲洗后不能开机，变频低速启动，检查振动开关、减震器，听主电机皮带罩声响，听主轴承响声、温度、检查轴承润滑，分析是否由于轴承磨损或皮带松紧等引起的振动。

(2) 机组过载停机。先复位控制系统，重新启动前分析进泥流量情况、差速值、扭矩值，堵机检查是否有泥堵塞在离心机排出口，堵塞严重时必须打开罩壳清理，手动转动转鼓注水甩掉沉积物，排除过载原因。

(3) 离心脱水机无法将密度较小的有机污泥颗粒分离出来。当污泥性质变化时，密度小的有机颗粒在高速旋转中产生的离心力小，无法沉积到转鼓壁上，只能悬浮在水中，随水排出机外，上清液混浊。分析污泥性质及污泥浓度、转鼓转速调节、加药泵流量调节、出水口堰板调节等。

(4) 絮凝剂溶解液放置时间不宜过长。在离心脱水机的进料口处，污泥和絮凝剂是同时进入转鼓腔的，瞬间絮凝并通过离心力的作用使泥水快速分离，如果絮凝剂溶液放置时间过长，絮凝性吸附颗粒的功能变差，不宜使小颗粒的粒径增大，进入离心机后使泥水不易分离，分离效果变差。

3.4.1.4 小结

进口 ALDEC408 型卧螺离心脱水机在北冲污水处理厂 4 年的运行情况表明：离心脱水机在污泥处理过程中臭气不外逸，污水不外流，污泥不落地，自动化程度高，便于连续运行。但是转速高，维修费用高，能耗及药耗并不比带机低，总运行成本高。随着变频器技术改造和应用，离心脱水机是能够实现节能，得到高干度的脱水泥饼，并也能解决能耗高、噪声问题、磨损问题等。可见，离心脱水机不但处理能力大，而且自动连续可靠运行，满足剩余污泥全部脱水的要求，保证了污水处理工艺的正常运行及各项出水水质合格率达标。

3.4.2 离心脱水机的应用

广州市南洲水厂原水取自顺德水道西海段，供水量 100×10^4 m^3/d。经测定及工艺计算，排泥水平均污泥含量为 103.6 t/d，相当于含水率为 96% 的浓缩污泥 2590 m^3/d。该厂排泥水处理工程于 2005 年 4 月投入试运行，采用了离心脱水工艺，配套了国产离心脱水设备，是目前国内净水厂中采用离心脱水工艺进行污泥脱水的规模最大的工程实例。排泥水处理工艺流程如图 3-7 所示。

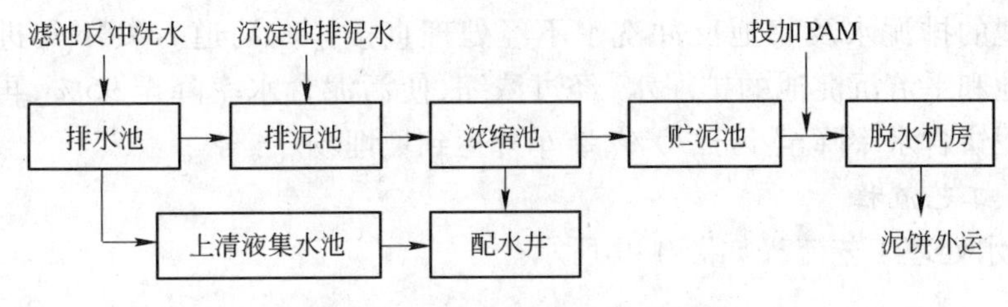

图 3-7 排泥水处理工艺流程

3.4.2.1 工艺设计条件

离心脱水机 24 h 连续运行;待脱水污泥含固率为 3% ~5%(按 4% 计算);脱水污泥量为 2590 m^3/d;干污泥量为 103.6 t/d;脱水泥饼含固率为 30% ~35%;固相平均回收率不小于 95%。

3.4.2.2 工艺流程

脱水工艺由进料、投药、脱水、污泥收集和供压力水等五部分组成,如图 3-8 所示。

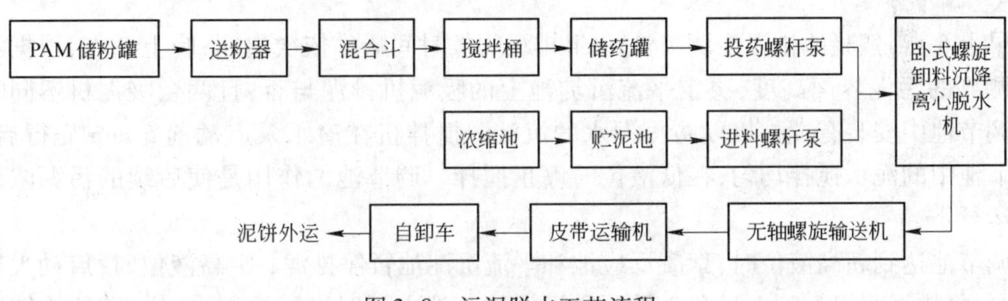

图 3-8 污泥脱水工艺流程

(1) 进料系统。主要包括带变频装置的螺杆泵与电磁流量计。螺杆泵可根据污泥浓度自动调速改变流量大小。

(2) 投药系统。主要包括负压装置、储粉罐、螺旋送粉器、混合斗、搅拌桶、储药罐、带变频装置的投药螺杆泵、流量计、混合器等。通过螺旋送粉器,储粉罐内的 PAM 粉剂被计量送进混合斗与压力水混合,然后通过水射器送进搅拌桶,溶解成质量分数为 0.3% 的 PAM 溶液,送进储药罐备用。根据投加量大小,螺杆泵从储药罐抽吸 PAM 溶液送进离心脱水机。为保证药液的良好流动性,在投加管上计量加注压力水稀释药液。

(3) 脱水系统。主要包括卧式螺旋卸料沉降离心机与配套的机旁液压站。进料螺杆泵抽吸污泥计量送至离心机,同时,投药螺杆泵亦把 PAM 溶液计量送至离心机,两者在离心机进口处完成混合并进入离心机内,实现泥水分离。

(4) 污泥收集系统。主要包括全密封型无轴螺旋输送器与水平双向输送物料的皮带运输机。泥饼从离心机固相排口排出,通过螺旋输送器、皮带运输机及自卸车等,最终实现外运。

(5) 供压力水系统。由 $D_N = 15 \sim 150$ mm 镀锌钢管组成,为溶解稀释 PAM、清洗进料螺杆泵及离心机提供压力水,并为离心机的液压站提供冷却水。

3.4.3 带式压滤机的应用

苏州新区水厂是一座自动化程度较高的水厂,处理规模 30×10^4 m^3/d。初期,絮凝反应池、平流沉淀池的排泥水及滤池反冲洗水不经处理直接排向河道。2001 年进行了技术改造，絮凝反应池和平流沉淀池的排泥水，经过浓缩，使污泥含水率降至 95%，再通过带式压滤机脱水，使泥饼含水率降至小于 70%，装车外运到填埋场。

3.4.3.1　工艺流程

其污泥脱水处理工艺流程如图 3-9 所示。

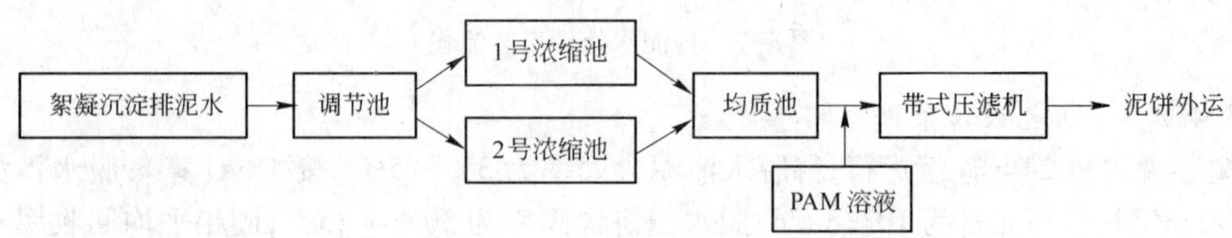

图 3-9　污泥脱水处理工艺流程

3.4.3.2　工艺流程自控要求

A　调节池单元

早上 6 点，絮凝池排泥至调节池，9 组排泥阀按时间顺序依次启闭；晚上 8 点，根据泥位计检测到的污泥界面高度，决定平流沉淀池上的吸泥机排泥与否，且两台吸泥机不同时排泥。调节池中安装有搅拌机以防排泥水的沉淀。搅拌机在潜水泵启动前 5 min 先行启动，将调节池中的泥水搅拌均匀，在低液位时停止搅拌。调节池的作用是使后续的污泥浓缩池均衡运行。

调节池达到超高液位时，絮凝反应池和平流沉淀池暂停排泥；中高液位时，启动大容量潜水泵，将排泥水提升到 1 号和 2 号两个污泥浓缩池中同时进行浓缩，这样，即使连续进水也可以保证浓缩池污泥不溢出；中低液位时，启动小容量潜水泵将排泥水提升到 1 号或 2 号污泥浓缩池中进行浓缩。启动潜水泵的同时，投加 0.05%（折算成干粉/干泥的质量比）的 PAM 絮凝剂溶液至潜水泵吸水口，在潜水泵的搅拌作用下，PAM 絮凝剂和排泥水混合均匀，随后送至浓缩池。

B　浓缩池、均质池单元

浓缩池为辐流式重力浓缩池。其作用是通过浓缩机的慢速搅拌与 PAM 絮凝剂充分混合的排泥水，促使污泥内部的部分毛细水和游离水析出，促进污泥颗粒的浓缩聚合，降低污泥的含水率。通过池底中心泥斗中的排泥管，浓缩后的污泥以重力流的形式进入均质池。如果浓缩池间歇进水，则每隔 6 h 向均质池排泥一次；如果连续进水，则每隔 4 h 排泥一次。若开启电动阀门 15 s 后，污泥浓度计检测管道中流过的污泥含水率高于 95.5% 时，阀门自动关闭停止排泥。均质池的作用是调节污泥浓度和在带式压滤机停运期间储泥。池内装有搅拌机和超声波液位计，液位的高低是控制污泥脱水系统开停和浓缩池排泥的条件之一。中高液位时，提前 5 min 开动搅拌机，将均质池内的污泥搅拌均匀，然后启动污泥脱水系统；低液位时停止搅拌。脱水后的泥饼外运仅在白天进行，所以带式压滤机不是 24 h 连续运行。

C　絮凝剂稀释配制单元

絮凝剂采用胶状聚丙烯酰胺，经机械提升后，3% 的胶状絮凝剂被人工倒入储液池。储液池内装有超声波液位计，出口管道上设有气动阀门。按照设定的比例，在两个溶液池内胶状 PAM 絮凝剂和自来水混合成 0.2% 的溶液,并由电动慢速搅拌机搅拌均匀。两个溶液池内均装有超声波液位计,通过采集溶液池液位计信号,控制相应管道上的气动阀门,实现胶状 PAM 絮凝剂进料和稀释用自来水的进水。具体过程是:当 1 号溶液池运行至次低液位时,2 号溶液池的絮凝剂溶液开始配制。当 1 号溶液池达到低液位时,系统自动切换至 2 号溶液池。当 2 号溶液池运行至次低液位时,1 号溶液池的絮凝剂溶液开始配制。切换条件同上,如此交替运行。

D 污泥压滤脱水单元

压滤是污泥脱水的关键环节。通过向浓缩污泥中投加 0.18% 左右的 PAM 絮凝剂溶液,再经混凝器搅拌,小颗粒污泥形成团状絮凝体,进入压滤机后,在重力脱水段滤掉间隙水。经过压滤脱水段后,形成含水率为 65% ~70% 的泥饼。

当均质池达到高液位和絮凝剂溶液配制完成时,带式压滤机进入开机程序。其过程包括空压机送气、滤带冲洗、滤带张紧、压滤机空载运行、絮凝剂投加螺杆泵运行、污泥输送螺杆泵运行、混凝器运行、压滤机带载运行和无轴螺旋机出泥等。当均质池处于低液位或两个絮凝剂溶液池都处在低液位时,带式压滤机进入关机程序,其过程包括污泥输送螺杆泵停运、絮凝剂投加螺杆泵停运、混凝器停运、压滤机空载运行、滤带冲洗停止、无轴螺旋输送机停运、压滤机停运、滤带放松和空压机停止送气等。在自动纠偏功能失效而使滤带接触到停机位置时,系统进入紧急停机程序,并给出报警信号。

压滤脱水过程中需更换运泥卡车时,卡车司机按下位于停车位置附近的停止按钮,倾斜无轴螺旋输送机停止出泥,在更换好装泥卡车后,按下启动按钮,倾斜无轴螺旋输送机又开始出泥。更换卡车所需时间不足 1 min,不影响污泥压滤脱水单元中其他设备的正常运行。

3.4.4 板框压滤机的应用

上海长桥水厂的污泥脱水系统包括三部分:浓缩池刮泥机系统、脱水系统及控制系统。脱水系统的主要设备是 3 台 2 m×2 m 板框压滤机。排泥池泥水的含固率在 0.5% ~1.0% 之间,经过预浓缩池和平衡池浓缩后,含固率可达到 3.0% 以上,然后进入板框压滤机脱水。其中,浓缩池上清液排至雨水管道,板框压滤机脱水滤液排到排泥池继续处理。压滤机由机架、滤板(包括隔膜和滤布)等组成。储泥箱下配备皮带运输机(共三套),将脱水污泥外运处置。

3.4.4.1 污泥脱水系统调试

整个污泥脱水系统主要由柱塞泵、PAM 投加系统、隔膜挤压系统、滤布冲洗系统、压缩空气系统以及压滤机控制系统组成。

A 优化操作条件

(1) 使用代表性样品的污泥和 PAM 药品(阴离子 PAM, A-PAM-0)进行操作;

(2) 确保污泥样品固体含量不小于 3%。

B 启动试运程序

a 干法启动

(1) 检查和验证所有脱水设备部件,保证其在空载条件下功能正常;

(2) 检查絮凝剂配制系统是否符合正确操作及聚合物溶液是否符合要求;

(3) 检查脱水设备控制系统,检查和核对监控设备的联锁和接口。

b　湿法启动

(1) 检查脱水设备是否泄漏,检查柱塞泵运行期间管道的振动,核对流量和设备的操作;

(2) 用水检查滤布合适的校直与操作。

C　设备调试

设备正式启动前,根据实际情况调整污泥脱水系统,以保证脱水系统的正常操作功能。污泥水经浓缩池、平衡池浓缩后(固体浓度不小于3.0%),用进泥泵(柱塞泵)提升至板框压滤机。当进泥达到一定时间(或压力)时,停止进泥,用压力水高压挤压(时间控制),当脱水污泥含固率大于50%时,开板脱泥。每台板框压滤机连续操作,每日设计工作时间16 h,以证明其性能。

D　验收基准

压滤机干燥固体性能:验收基准为三套压滤机16 h内生产至少58 t干固体;

固体收集百分数:验收基准为99.5%;

滤饼固体含量:验收基准为平均含固率为50%(根据滤饼样品的分析结果决定)。

3.4.4.2　相关问题

A　污泥干固体产生量

排泥水处理工程设计之前,首先,应对全年不同时段的水源水取样,同步检测浊度(NTU)和SS值,并对数据进行数学回归和相关分析,得出浊度与SS值之间的相关关系;其次,根据原水具体情况和近年原水浊度资料的概率统计分析等,合理确定水厂污泥干固体量的日处理规模。排泥水处理工程设计中,须明确水厂的混凝沉淀池排泥水量、滤池冲洗废水量和单个滤池一次冲洗废水量,还须合理取值水厂干污泥日产生量,因为它对污泥脱水机械的选型配置、设备及构筑物的配备和设计、工程投资和工程的正常运行会产生直接影响。该系统脱水后的污泥含固率为55%,日产干泥固体量为58 t。

B　浓缩池类型和构造

在浓缩池中,水厂排泥水的固体颗粒沉降是具有一定絮凝作用的拥挤沉降过程,因而排泥水应从浓缩池液面以下一定深度进入池中进行浓缩。斜板浓缩池不可采用下向流方式进行固液分离,而要采用侧向流与上向流相结合的方式进行。为有效促进污泥颗粒之间的均匀絮凝,浓缩池下部应设置能缓慢搅拌污泥的直杆搅拌装置,该装置与池底刮泥装置组装在一起。

C　污泥调蓄均衡池的设置

长桥水厂的排泥水处理系统,在污泥浓缩池与污泥脱水机房之间增加了一座污泥调蓄均衡池。这种设置对供水规模较大或周期性间歇运作的板框压滤脱水机的水厂较为适用。

D　絮凝剂

设计中,加药能力的配置计算应满足最不利情况时系统的用药量要求,还应合理选择絮凝剂及其投加量。长桥水厂的排泥水处理系统投加的絮凝剂为聚丙烯酰胺,投加量为2.5 g/L。

长桥水厂污泥脱水系统中,板框压滤机的运行是间歇操作,应根据滤布堵塞的情况,每隔一定运行周期进行一次冲洗。板框压滤机自动化程度很高,在很大程度上弥补了间歇操作的缺陷。采用板框压滤机处理的泥饼含固量较高,堆积体积小,运出厂外填埋的运输费用低。该机适用于各种污泥尤其是黏性大、含砂量高的污泥,且运行平稳,噪声小,磨损小,使用寿命较长,维修费用和长期运行费用也相对较少。

3.5 污泥固化和稳定化应用实例

污泥固化和稳定化作为污泥填埋或堆放之前的预处理,在国内也具有较好的应用。下面以沿海某市污水处理厂为例,进行简单介绍。

3.5.1 概况

海宁市盐仓污水处理厂主要处理海宁市西片地区(周王庙、长安、连杭经济开发区)工业废水及生活污水。一期工程处理能力为 1×10^4 t/d,于2001 年建成运行;二期工程处理能力为 5×10^4 t/d,于2004 年建成运行。三期工程 2008 年开始动工建设,处理能力为 1.9×10^4 t/d,2009 年底竣工,即将试运行。目前,盐仓污水处理厂的污泥产生量约为 30 t/d,一年超过 1×10^4 t。主要采用固化和稳定化技术对污泥进行处理,使之能填埋或堆放处置,以及不同形式的再生资源利用。

3.5.2 污泥固化和稳定化技术厂内的应用

3.5.2.1 运行效果

2008 年,盐仓污水处理厂开始与有关技术单位合作,进行小试、中试。2008 年 12 月份开始安装设备,进行生产性运行。该套设备污泥处理能力为 100 t/d。污泥固化和稳定化处理后,污泥含水率大幅度下降,由原来的 80% 下降到 56% 左右,污泥体积进一步缩小。污泥外观由原有的黑色转变为土黄色,污泥的强度大于 50 kPa,渗透系数达到 10^{-7} cm/s 等,使得污泥达到填埋及资源化条件。有效地解决了污泥处置难的问题,防止了环境的二次污染。其工艺流程如图 3-10 所示。污泥经压滤机压滤后进入污泥贮仓,贮仓底部设置螺旋污泥输送机,将污泥输送至双轴搅拌装置,同时,将两种固化材料 1 和 2 通过定量输送装置送至自动搅拌机,经搅拌均匀后的固化材料通过输送机和加药装置输送至双轴搅拌装置,脱水污泥与固化材料在双轴搅拌机按时定量搅拌压榨后排出,由皮带输送机送至固化稳定污泥储仓待运。

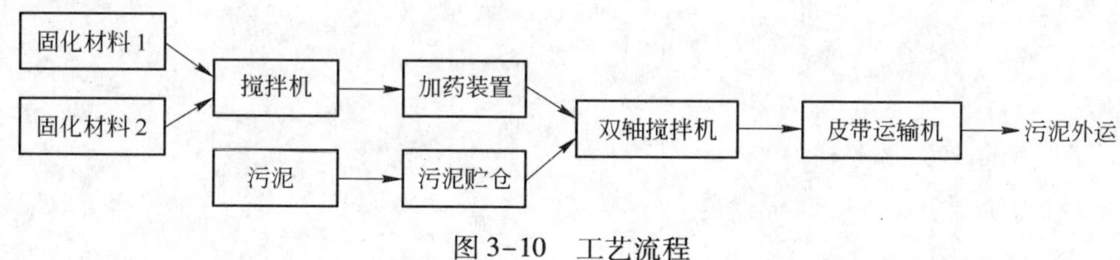

图 3-10 工艺流程

3.5.2.2 运行成本

(1) 药剂成本。按 2009 年 2 ~ 4 月 3 个月的统计数据计算(见表 3-5),污泥总量为 2636.91 t,水泥总量为 220 t,固化剂总量为 210 t;其中水泥为 255 元/t,固化剂为 440 元/t,则:

表 3-5 污泥量与固化剂用量统计

月 份	污泥量/t	水泥量/t	固化剂用量/t
2 月	678.65	52.0	50.0
3 月	1033.5	82.0	80.0
4 月	924.76	86.0	80.0

药剂成本 =（220 × 255 + 210 × 440）/2636. 91 ≈ 56. 3 元/t

（2）设备折旧。设备总价为 120 万元，按 20 年折旧：

折旧费 = 120/20 = 6 万元/年（每年产生污泥以 1×10^4 t 计）

折合成本费 = 6 元/t

（3）电耗。设备功率为 20 kW，工作时间为 10 h/d，电价为 0. 7 元/度计：

每年电费 = 20 × 10 × 0. 7 × 365 = 51100 元

折合成本费 = 5. 11 元/t

（4）人工费。可利用原脱水机操作工进行操作，因此人工费不计。

（5）管理费及其他费用。按每年 5 万元计，折合成本费 = 5 元/t。

根据以上分析，处理成本费用约为：56. 3 + 6 + 5. 11 + 5 = 72. 41 元/t。

海宁市盐仓污水处理厂污泥固化和稳定化的应用表明，污泥固化和稳定化处理运行成本低；经过污泥固化和稳定化处理后的污泥能够有效防止二次污染；污泥固化和稳定化处理技术合适污水处理厂的污泥处置，具有一定推广价值。

4　污泥卫生填埋应用实例

4.1　污泥卫生填埋方法

4.1.1　污泥填埋概述

污泥填埋是指采取工程措施将处理后的污泥集中堆、填、埋于场地内的安全处置方式。由于污泥填埋渗滤液对地下水的潜在污染和造成城市用地减少等因素的影响，世界各国对于污泥填埋处理技术标准要求越来越高。例如，所有欧盟国家在 2005 年以后，有机物含量大于 5% 的污泥都将被禁止进行填埋，这也就意味着，污泥必须经过热处理（焚烧）才能满足填埋要求，而这显然违背了污泥填埋工艺简单、成本低廉的初衷。在这样的形势下，全世界污泥填埋的比例正在逐步下降，美国和德国的许多地区甚至已经禁止了污泥的土地填埋。

根据我国国情，考虑到污泥的卫生学指标、重金属指标难以满足农用标准，而且限于我国的经济实力，目前还不可能投入大量的资金用于污泥焚烧，因此，污泥填埋是一种折中的选择，它投资少，容量大，见效快，通过将污泥与周围环境的隔绝，可以最大限度地避免污泥对公众健康和环境安全造成的威胁，既解决了污泥的出路，又可以增加城市建设用地，是目前比较适合中国国情的处置途径。可以预测，在未来一个时期内，填埋仍然是我国主要的污泥处置方式。

目前，我国的污泥填埋形式一般采用污泥与城市生活垃圾混合卫生填埋的方式，例如北京高碑店污水处理厂，将脱水污泥拉到生活填埋场与垃圾混合填埋，但由于污泥的含水率较高，给填埋作业带来很多困难。污泥单独卫生填埋在国内应用不是很多，1991 年上海在桃浦地区建成了第一座污泥卫生试验填埋场，将曹杨污水处理厂污泥脱水后运至桃浦填埋场填埋处置，该填埋场占地 3500 m^2；2004 年上海白龙港污水处理厂建成污泥专用填埋场，占地 43 hm^2；天津咸阳路污水处理厂也拟建污泥专用填埋场，占地 13.2 hm^2，日处理规模为720 m^3/d。

一般认为，在混合填埋场中，污泥的比例不超过 5% ~10%，对垃圾填埋场正常运行的影响很小。而且，据有些资料报道，在混合填埋场中，当生物污泥与城市生活垃圾混合比例达到 1:10 时，填埋垃圾的物理、化学稳定过程将明显加快。

在技术方面，由于脱水后污泥含水率一般在 75% 以上，这一含水量通常不能满足填埋场的要求，垃圾填埋厂不愿意接受污水处理厂的污泥。在德国，当脱水后的污泥和垃圾混合填埋时，要求污泥的含固率不小于 35%，抗剪强度大于 25 kN/m^2，有时为了达到这一强度，必须投加石灰进行后续处理，这种处理增加了污泥处置的成本。

另外，加入填充剂才能达到污泥填埋所需的力学指标，但添加剂的加入缩短了填埋场的寿命。如果采用高干度脱水填埋工艺，脱水后污泥含水率在 65% 左右，一般可以直接填埋。

在国内，污水处理厂脱水污泥含水率一般在 80% 左右，由于脱水污泥含水率高、强度小，如采用传统的卫生填埋作业工艺，实践证明将对填埋场形成诸多困难：

（1）填埋场一般是一层垃圾一层覆土，然后进行碾压，以确保更好的空间利用率。污泥的高含水率、高黏度经常使得碾压机械打滑甚至深陷其中，给填埋操作带来困难。

(2) 污泥的流变性使得填埋体易变形和滑坡，成为人为的“沼泽地”，给填埋场带来极大安全隐患。

(3) 污泥的高含水率大大增加了填埋场渗滤液处理量，由于污泥细小，经常堵塞渗滤液收集系统和排水管，加重了垃圾坝的承载负荷，给填埋场安全和管理带来困难。清理收集系统的费用极为昂贵。

4.1.2 混合填埋

污泥卫生填埋分为混合填埋和单一填埋，在欧洲，脱水污泥与城市垃圾混合填埋比较多，而在美国，多数采用单独填埋。

污泥在生活垃圾卫生填埋场中与生活垃圾混合填埋既可采用先混合、后填埋的形式，如图 4-1 所示，也可采用污泥与生活垃圾分层填埋、分层推铺压实的形式，如图 4-2 所示。

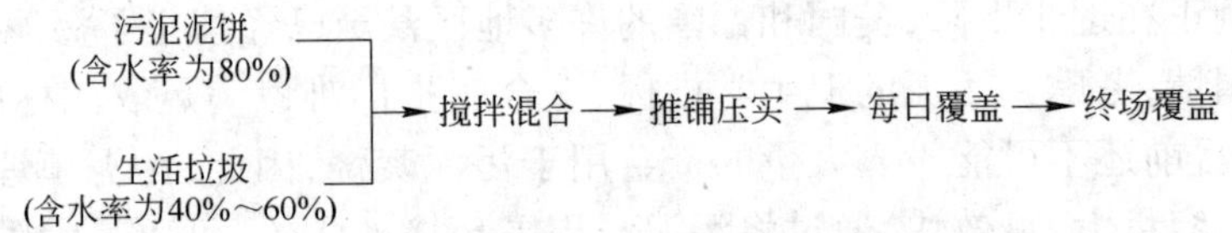

图 4-1　污泥在生活垃圾填埋场混合填埋的工艺流程一

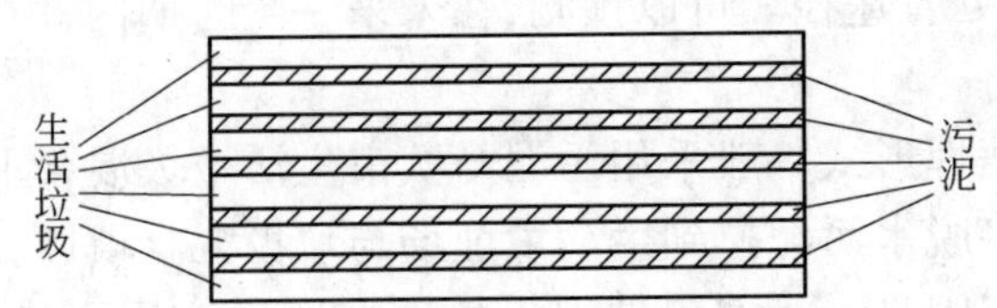

图 4-2　污泥在生活垃圾填埋场混合填埋的工艺流程二

混合填埋有两种常用模式：污泥/垃圾和污泥/土壤。

在污泥/垃圾混合填埋方法中，污泥的含固率应高于 20%，使用的机械设备同生活垃圾填埋使用的设备相同。污泥（湿污泥）和生活垃圾的混合比例为 1:4。该方法污泥的处置率约为 900.~7900 m^3/hm^2。

在污泥/土壤方法中，污泥和土壤混合作为覆盖用土。与前一种方法相比，它可以减少填埋场操作过程中机械设备陷入污泥中、车辆打滑、污泥带出场外等缺陷。不足之处在于它需要较多的人力物力，同时产生较多的臭味。该方法污泥处置率约为3000 m^3/hm^2。

实际操作一般因地制宜选择混合填埋方式，污泥还可以和含水率较低的一般工业固体废弃物、建筑垃圾和矿化垃圾等掺和物混合填埋。

污泥混合方式可以采用下列方式。

4.1.2.1 挖掘机混合

该方式可采用普通的挖掘机，投资较省，操作方便。但处理能力较小，混合效果较差。

4.1.2.2 翻堆机混合

污泥和掺和物按比例采用挖掘机或装载机分成摊铺，每层厚度30 cm左右，然后用翻堆机翻堆，达到混合效果。该方法操作方便，处理能力较大，混合效果较好。

4.1.2.3 专门的混合设备

该方法需要配置专门的混合设备、储仓和输送机械，污泥和掺和物按比例通过输送机械输送至混合设备进行混合。该方法混合效果好，操作方便。但投资较大，运行费用高，处理能力一般。

4.1.3 单独填埋

污泥单独填埋分为两种基本类型：挖沟式(trench)和地面式(area fills)。

4.1.3.1 挖沟式

地下水位及岩床应有一定的深度，且应满足挖掘的要求及保证在污泥底部与地下水、岩床有一定的缓冲土壤。土壤通常仅用于覆盖而不用作掺加剂，污泥直接倾倒于沟中。现场的机械设备主要用于挖掘及覆盖。

挖沟式有窄沟(narrow trench)和宽沟(wide trench)两种基本形式。宽度大于3 m的为宽沟填埋，小于3 m的为窄沟填埋。两者在操作上有所不同，沟槽的长度和深度根据填埋场地的具体情况，如地下水的深度、边墙的稳定性和挖沟机械的能力所决定。

4.1.3.2 地面式填埋

适用于地下水位及岩床较高的情况。由于地面式填埋不像挖沟式那样有边坡的支撑，因此，污泥的含固率应高于20%。同时，作业机械要在污泥上行使，为保证有足够的稳定性及抗剪切的能力，往往要在污泥中添加一定比例的土壤。需要的土壤量较多，这应从场外运进。

地面式填埋有三种基本形式：堆垛法(area fill mound)、层铺法(area fill layer)、围堤法(diked containment)。

堆垛法：污泥必须和土壤混合以形成更大的剪切力和承载力，掺加比例为0.5:1～2:1，然后在填埋区域内土壤/污泥混合物可堆置到1.8 m高度。在堆垛上覆盖土厚度为0.9 m左右。

层铺法：处理场地应较为平坦。当污泥含固率小于32%时，必须和土壤混合以形成更大的剪切力和承载力，掺加比例为0.25:1～2:1。混合物料先均匀摊铺成0.15～0.9 m厚的一层，再碾压后覆土。填埋场中通常可以有几个层，层间覆土为0.15～0.3 m，终层覆土为0.6～1.2 m。

围堤法：污泥完全放置于地面上，四周用堤围住；或者当填埋场地是在陡峭的山脚之下时，污泥放置在由堤及天然斜坡围成的场地内。污泥直接由堤上倒入填埋场地内，中间覆土可在填埋到一定时候进行，填埋结束后需进行终场覆土。

围堤法填埋区域通常较大，宽15～30 m，长30～60 m，高3～9 m。该法的优点之一在于污泥的处置率最高。

表4-1归纳了典型的三种地面式填埋场的设计参数。

表 4-1　地面式填埋设计参数

设计参数项目	方　法	含固率/%	参 数 值
土壤掺加(土壤:污泥)比例(质量比)	堆垛法	20 ~ 28	2:1
		28 ~ 32	1:1
		≥32	0. 5:1
	层铺法	15 ~ 20	1:1
		20 ~ 28	0. 5:1
		28 ~ 32	0. 25:1
		≥32	不需要
	围堤法	20 ~ 28	0. 5:1
		28 ~ 32	0. 25:1
		≥32	不需要
每一升层高度	堆垛法	≥20	1. 8288 m
	层铺法	15 ~ 20	0. 3048 m
		≥20	0. 6096 ~ 0. 9144 m
	围堤法	20 ~ 28	1. 2192 ~ 1. 8288 m
		≥28	1. 8288 ~ 3. 0488 m
升层数量	堆垛法	20 ~ 28	1 层
		≥28	3 层
	层铺法	≥15	1 ~ 3 层
	围堤法	≥20	1 ~ 3 层
覆土过程	堆垛法	≥20	装置在污泥上
	层铺法	≥15	装置在污泥上
	围堤法	20 ~ 28	装置在地表上
		≥28	装置在污泥上
宽　度	覆土过程	使用的机械设备	数　值
	装置在地表上	拉铲式推土机	≤12. 192 m
	装置可在污泥上	履带式推土机	无限制
填埋高度	装置在地表上		低于堤坝 0. 9144 m
	装置可在污泥上		低于堤坝 1. 2192 m

注:资料来源:美国国家环保局 Process Design Manual:Surface Disposal of Sewage Sludge and Domestic Seepages。

4. 2　污泥填埋预处理实例

为了达到卫生填埋的要求,必须对污泥进行预处理,确保在填埋作业时污泥土力学特性达到如下指标:无侧限抗压强度不小于 50 kPa,十字板抗剪强度不小于 25 kPa,渗透系数在 $10^{-6} \sim 10^{-5}$ cm/s 数量级,臭度降低到三级以下,以保证填埋机械的正常作业和填埋区作业环境良好。

适合脱水污泥预处理工艺有深度脱水工艺和固化工艺。

4.2.1 污泥深度脱水工艺实例

某污泥填埋预处理实例的工艺流程图如图 4-3 所示。先采用污水处理厂区内新建的带式压滤机对剩余污泥进行机械脱水，脱水后污泥含水率约为 80%；再采用无机调质（三氯化铁溶液和石灰联合调质）和板框压滤机进行深度脱水，深度脱水后污泥含水率约 60%，脱水后污泥直接外运卫生填埋。

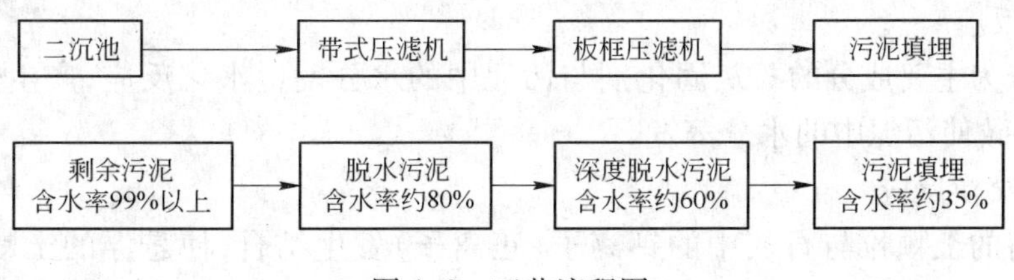

图 4-3 工艺流程图

4.2.2 污泥固化和稳定化应用实例

4.2.2.1 污泥固化和稳定化技术简介

污泥固化处理是近年来污泥的工业处理上普遍重视和使用较多的一种方法。它是指用物理化学方法将污泥颗粒胶结、掺和并包裹在密实的惰性基材中，形成整体性较好的固化体的一种过程。其中，固化所用的惰性材料叫固化剂，污泥经过固化处理所形成的固化产物为固化体。

稳定化是将有毒有害污染物转变为低溶解性、低迁移性及低毒性的物质过程。稳定化一般可分为化学稳定化和物理稳定化。化学稳定化是通过化学反应使有毒物质变成不溶性化合物，使其在稳定的晶格内固定不动；物理稳定化是将污泥与一种疏松物料（如粉煤灰）混合生成一种粗颗粒的固体。

污泥的固化和稳定化一般同时进行，其机理是向污泥中加入固化剂，通过一系列复杂的物理化学反应（如水化反应），将有毒有害的物质固定在固化形成的网链（晶格）中，使其转化成类似土壤或胶结强度很大的固体，可就地填埋或用作建筑材料等。污泥固化处理技术既可用作特殊工业污泥，如含重金属污泥，含油污泥，电镀污泥、印染污泥等危险废物的固化处理，也可用于城市污水处理厂产生的普通污泥的固化处理。

A 水泥固化

水泥是一种无机胶结剂，经水化反应后可形成坚硬的水泥块，能将砂、石等添加料牢固地黏结在一起。水泥固化有害废物就是利用水泥的这一特性。对有害污泥进行固化时，水泥与污泥中的水分发生水化反应生成凝胶，将有害污泥微粒分别包容，并逐步硬化形成水泥固化体。这种固化体的结构主要是水泥的水化反应产物 $3CaO \cdot SiO_3$，水化结晶体内包进了污泥微粒，使得污泥中的有害物质被封闭在固化体内，从而达到无害化、稳定化的目的。

水泥固化法的优点主要有：对含重金属废物的处理十分有效；设备和工艺简单，设备投资、动力消耗和运行费用都比较低，固化剂水泥和其他添加剂价廉易得；操作条件简单，且常温下即可进行，尤其是对电镀污泥处理十分有效；并且固化体强度高、长期稳定性好，对受热和风化也有一定的抵抗力，因而其利用价值较高。对于含有有害物质的污泥固化方法，水泥固化法是最经济的，其缺点是由于孔隙率较高，仍会有较高的浸出率，通常为 $10^{-6} \sim 10^{-4}$ g/(cm^2 · d)；

其次是固化后增容比例高,达 1.52。虽然如此,水泥固化在工程中仍被广泛应用。

B　石灰固化

石灰污泥固化法也称 SSD 工法。主要成分是生石灰,当石灰与水反应生成一种类似火山岩混凝土的硬物质,即俗称的"火山灰混凝土"。而实际应用上,石灰固化法常以飞灰、鼓风炉渣、水泥窑灰等为添加剂。

石灰固化法原理是污泥遇到石灰后会发生下列反应,进而致使污泥固化。

a　水化反应

以生石灰为主要成分的石灰固化剂与污泥中的水分发生水化反应,产生热量(温度升至 60 ~ 80℃)致使污泥中的水分蒸发。

b　离子交换反应

带负电荷的土颗粒与石灰中的钙离子(正离子)发生结合,使悬浮的土颗粒发生沉淀凝聚。

c　普查兰(灰结)反应

凝聚土颗粒与钙离子反应形成结晶产生硬化。

d　碳化反应

石灰与土中的碳酸和空气中的二氧化碳发生反应生成固化碳酸钙。由于碳酸钙基本不溶于水,一旦产生碳酸钙化,则污泥就不再泥化。

石灰固化法的优点为:我国石灰产量多,是极易取得的固化材料;可使固化物的韧性随时间而增加;凝固时间短,操作方便。其主要缺点为:增加固化物重量及体积,形成另一个处置上的考虑因素;固化物固化结构易受强酸性液破坏。

C　热塑型固化

本法系用固化剂的热塑(thermoplastic)原理将废弃物包结固化,而所谓热塑性系指物体(多为高分子体)经加热处理后,物性改变成具有"可塑性"或利于加工。此种固化法常用的固化剂有:石蜡、聚乙烯、沥青或柏油等。

此方法的优点为:(1) 不会使固化后的废弃物体积增加太大;(2) 内容物的渗出率远低于其他方法;(3) 固化后产物对大部分溶液具抵抗性;(4) 热塑性物质易与废弃物形成良好的结合。此方法的缺点为:(1) 需要较贵的设备及较高技术;(2) 废弃物中若含易挥发的物质需特别小心;(3) 通常,热塑性物质为可燃性;(4) 废弃物需先干燥后,才能与热塑物质混合。

D　聚合型固化

聚合型固化法是将废弃物与固化剂(为有机单体物),在某些催化剂的催化作用(catalysis)下搅拌混合,使有机单体在聚合作用中,顺便将废弃物包结其间。当搅拌混合完成后,所形成的固化物,亦即聚合物有如具有弹性的橡皮终产物。目前常用于此法的固化剂有尿素甲醛聚酯和聚乙烯树脂等。

此方法的优点为:(1) 不会增加固化后之废弃物体积;(2) 只需极少剂量即可使混合物凝固,降低处理成本;(3) 可应用于干污泥或湿污泥;(4) 与其他固定技术比较,产物的密度较小。

此方法的缺点:(1) 废弃物夹存于固化体中,仅形成松散的结构;(2) 因大部分聚合触媒为强酸物,且金属成分易溶于强酸中,故极易随水渗出;(3) 有些有机聚合物易被微生物分解,不利最后掩埋处理。

E M1 固化剂固化

M1 固化剂是新型的镁系胶凝固化剂(M1 固化剂)。针对目前污水处理厂污泥的固化处理,与其他固化剂相比,该固化剂的优点如下:

(1) 固化时间短,可以在短期(48 h)内使污泥凝固,达到填满要求;

(2) 添加量(5% ~10%)少,对污泥 pH 值改变较小,同时可以抑制臭气的产生;

(3) 是一种绿色的污泥调理剂,不对污泥造成二次污染,并能改进污泥的性能,促进污泥的稳定化;

(4) 固化过程简化,易于生产和施工;

(5) 固定化处理的污泥经过在填埋场内 2 ~3 年的稳定期后,形成一种类土壤物质,可进行开采利用,实现污泥填埋场的可持续使用;

(6) 使用 M1 固化剂固化处理后的污泥浸出毒性均低于《危险废物鉴别标准——浸出毒性鉴别》中要求的标准。

综上所述,M1 固化剂与其他常规固化剂相比,无论在投加量、固化效果、资源化利用方面都具有明显优势。

4.2.2.2 污泥固化预处理实例

下面以污泥的固化预处理为例,说明污泥填埋预处理的主要工艺和参数。

A 工艺流程

工艺说明:如图 4-4 所示,所需固化剂粉料由粉料仓经闸门、螺旋自动给料机,到达螺旋电子秤,螺旋电子秤按照重量设定值,自动连续称量出所需量,并输送到搅拌装置进料口。所需污泥按照所需流量,经污泥输送机和污泥电子秤,按需量均匀进入搅拌装置内。进入搅拌机的料,在机内经相互反转的两根搅拌轴上双道螺旋桨片的搅拌下,受到桨片周向、径向、轴向力的作用,使物料一边相互产生挤压、摩擦、剪切、对流从而进行剧烈的拌和,一边向出料口推移。当物料到机内的出料口时,各种物料已得到均匀的拌和。此后,均匀的物料由出料口到成品皮带机,经成品皮带机输送到储料仓内。等运料车来后,开启储料仓门,装车后用车运往施工现场。

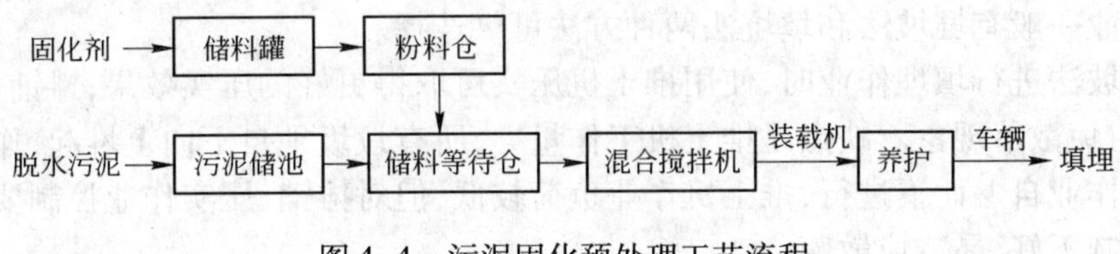

图 4-4 污泥固化预处理工艺流程

B 固化系统参数

a 污泥性质

含水率:约为 80%;

容重:约为 1.0 t/m^3。

b 固化剂性质

组成成分:M1 固化剂;

容重:1.2 t/m^3。

c 固化预处理参数

固化剂混合比例:8%(保守设计,根据污泥含水情况为5% ~8%);

混合物容重:约为1.1 t/m³;

养护时间:7天。

d　固化混合物出料参数

含水率:约为50%;

容重:约1.2 t/m³。

4.3　污泥填埋作业工艺实例

4.3.1　污泥填埋作业工艺特点

与生活垃圾填埋相比,污泥填埋作业要求更高,需要在下列几个方面予以特别重视。

(1) 污泥含水率和强度的控制十分重要,是直接决定填埋作业成败的关键。

(2) 雨污分流。雨污分流如果不好,除了增加渗滤液量外,有可能直接导致无法填埋作业,因此,采用合理的雨污分流管理措施,是污泥填埋场填埋作业的关键点之一。一般要求污泥填埋场作业面较生活垃圾填埋场小。

(3) 由于污泥细小,经常堵塞渗滤液收集系统和排水管。因此,如何设计有效的渗滤液收集系统,对减少堵塞是很重要的。

4.3.2　填埋作业工艺

4.3.2.1　*污泥初始填埋*

填埋区开始准备污泥填埋时,对摊铺于防渗系统上的第一层污泥,厚度至少为3 m,虽然污泥中石头等块状物以及其他尖锐物较少,但这些污泥仍然需要在监督人员的监督下被仔细摊放,从而最大限度地减小刺穿或破坏填埋场防渗系统和渗滤液收集系统的可能性。

铺在水平防渗系统和边坡上的第一层污泥仅使用推土机适度压实;任何作业机械及车量都不应在未经保护的填埋场防渗系统上直接作业。

4.3.2.2　*填埋作业方式的选择*

填埋作业一般有堆坡法和填坑法两种方法可供选择。

采用堆坡法进行填埋作业时,使用推土机压实可取得更好的压实效果;摊铺作业更易控制;可有效避免散落现象。缺点是推土机工作量大,所有垃圾须自下向上堆起,作业负荷高。

填坑法作业自上而下进行,推土机作业负荷较低,但对摊铺、压实作业控制要求较高,若摊铺作业控制不好,易造成散落。

在填埋作业过程中,可根据实际情况灵活选择填埋作业方式,保证机械设备利用率和压实效果均处于最佳状态。

4.3.2.3　*填埋作业单元*

根据填埋污泥量的大小,通过选择填埋作业单元的大小及形状,最大限度地减少暴露作业面的大小,减少臭气、蝇鸟以及渗滤液的产生量,减少覆盖材料的使用量,尽可能降低填埋作业对环境的影响。

对于脱水污泥的直接填埋,由于车辆无法在作业面上行使,因此,单元的划分显得尤为重要。

4.3.2.4　*雨污分流设计*

和生活垃圾填埋场相比,污泥填埋场的雨污分流尤其重要。雨污分流如果不好,除了增加渗滤液量外,有可能直接导致无法填埋作业,因此,采用合理的雨污分流管理措施,是污泥填埋场填埋作业的关键点之一。

对于污泥填埋场,雨污分流主要从以下方式入手:

(1) 结合填埋场地形条件,合理划分填埋库区,科学选择地表水排水工艺及方向,尽可能减少大气降水进入填埋作业库区;

(2) 合理划分填埋作业单元,填埋作业过程中及时进行日覆盖、中间覆盖与封场生态修复,减少暴露面积,并分流进入库区大气降水;

(3) 结合填埋作业发展规划,合理修建永久性、半永久性、临时性地表水导排沟渠,有效导排进入填埋库区的雨水。

结合填埋场地形条件及运营发展规划,填埋区采用截流、分区、覆盖、导排等“堵”、“排”相结合的工程措施实现填埋场雨污分流。如图 4-5 所示为填埋作业单元雨污分流示意图。

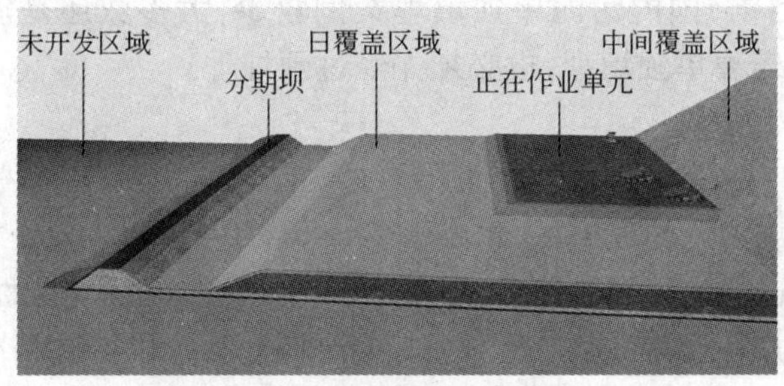

图 4-5　填埋作业单元雨污分流示意图

覆盖——及时进行覆盖,阻隔大气降水进入填埋库区。

填埋作业采用规范化作业方式,及时进行日覆盖、中间覆盖与生态修复,填埋作业过程中设置合理的排水坡度(不小于 5%),尽可能分流进入库区的大气降水。

导排——建设地表水导排明渠,与截洪沟结合实现地表水的分流。

结合地形条件,对填埋作业发展过程中的地表水控制与导排方案进行规划,通过建设永久性、半永久性、临时性地表水导排沟渠,有效控制并顺利导排进入库区的地表水。

此外,还可采用其他一些辅助性的导排措施,导排进入库区或在库区无法自然导排的地表水,如设置地表水导排暗管、临时性机械导排(利用水泵强制抽排)等。

4.3.2.5　垃圾卸料、摊铺与压实

污泥通过转运车辆送至日填埋作业面卸料,采用推土机将污泥摊铺成厚度大约为 1 m 的层,采用压实机把松散污泥逐层压实,压实密度不小于 1.0 t/m^3。

卸车作业监督员使用无线电联系组织卸车作业。压实机操作员和工人应协助现场经理指引车辆进行卸车作业。

一般压实机至少压实三个来回。

4.3.2.6　日覆盖与中间覆盖

污泥填埋压实后,为防止臭味扩散、蝇鸟滋生,应对作业面进行覆盖。对需要继续进行填埋的作业面,每日填埋作业结束后,使用 PE 膜进行覆盖。对达到填埋层标高,暂不进行填埋作业的区域进行中间覆盖,中间覆盖也可采用 PE 膜。

对较长一段时间不进行填埋作业的区域,为强化雨污分流效果,除使用 PE 膜进行覆盖外,需要增加绿化。

4.3.2.7 库区作业道路与临时作业道路

填埋库区从开始填埋起并随着填埋污泥的堆高,应在堆体表面修筑半永久性道路,以将垃圾运往填埋作业面。随着封场的进行,逐步改建为永久性道路,并成为填埋场封场覆盖系统的一部分。库区作业道路双向两车道,宽 7 m,采用泥结碎石路面,平均坡度为 4%,最大坡度不超过 5%。填埋作业过程中,应对由于不均匀沉降造成的道路破坏进行及时修复。

从填埋库区半永久或永久道路到达填埋作业面(倾倒平台),需铺设临时作业道路。临时作业道路同样选用泥结碎石道路。在雨季可使用土工格室碎石道路或钢板路基箱道路。

所有库区作业道路及临时作业道路均应满足全天候作业的要求。

4.4 污泥单独填埋实例

因污泥的特性,目前,国内污泥单独填埋案例较少,大多数还是混合填埋为主。这在 4.5 节中会有举例,而若要单独填埋,也必须先经过预处理。

4.4.1 项目概况

深圳市下坪填埋场污泥处理项目,建成于 2008 年 10 月份,主要是对市区内各污水处理厂所产生的市政污泥进行加药固化处理,即在市政污泥内加入固化改性剂,使市政污泥由胶体流质形态,改性成为晶体固态的土壤;而且,再经水浸泡后不会再二次污泥化;污泥加药固化后臭味减少 80% 以上。经过固化改性后的污泥,原污泥中的病菌及虫卵被杀灭,重金属被包裹,不再游离,实现了稳定化、无害化的要求。固化后的污泥,经实践证实可以用作路基土、填埋区覆盖土及制成砖、陶瓷等建材,完全可以资源化利用。

4.4.2 项目规模

目前,该项目处理市政污泥 700 t/d,污泥含水率约为 80%。

4.4.3 预处理方法

采用固化后进行污泥填埋的作业方法。

4.4.4 主要作业工艺简介

固化后的污泥目前暂时填埋,填埋区是单独区域,方便固化后污泥的养护与填埋。同时,也便于资源化的随时取用。

固化污泥填埋采取单元分区、层级作业。填埋作业主要是倾倒、推铺、养护、推铺、压实。可用于完成这些工作的设备包括推土机、压实机、挖土机等。

4.5 污泥混合填埋实例

4.5.1 长兴岛生活垃圾综合处理厂一期工程

4.5.1.1 项目概况

上海长兴岛生活垃圾综合处理厂,近期采用卫生填埋的处理方式,主要处理对象为长兴岛生活垃圾、一般工业废物和市政污泥。

4.5.1.2 项目规模

根据垃圾产生量预测,处理厂的垃圾处理初始规模为150 t/d,近期平均规模为180 t/d(其中:生活垃圾平均处理规模为115 t/d,一般工业固废为28.0 t/d,污泥为39.0 t/d)。

4.5.1.3 混合填埋方式

考虑长兴岛一般工业固废的来源及特性,根据填埋垃圾的性质,本工程可采用污泥和一般工业固废混合填埋的方式。一方面,由于一般工业固废孔隙率较高,排水性能较好,混入污泥后可提高其排水性能,加快污泥固结速度;另一方面,可以使混合料承载力得到一定程度的提高。

根据污泥和一般工业固废来量情况,当一般工业固废来量较多时,一般工业固废(第Ⅰ类)可在堆料区暂时存放,当需要时再运至填埋区和污泥混合填埋。

4.5.1.4 混合填埋工艺简介

一般工业固废和污泥在填埋区先用推土机摊铺成600~800 mm厚,然后采用翻堆机进行混合,最后采用填坑法进行填埋作业,按3 m高差分层,每层填埋作业前先完成临时隔堤和中间隔堤的向上拓延填筑工程,详见图4-6。

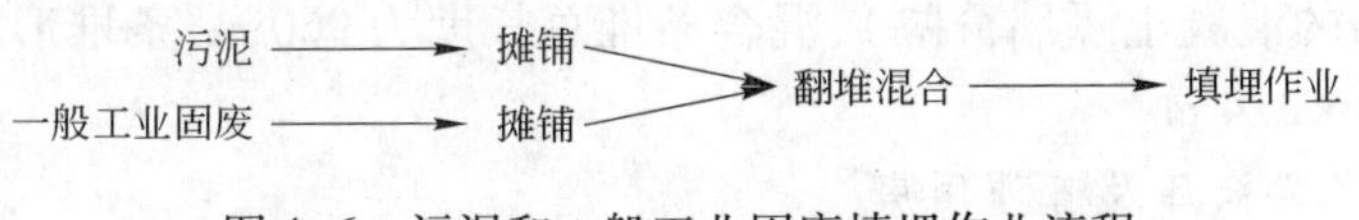

图4-6 污泥和一般工业固废填埋作业流程

4.5.2 上海老港填埋场污泥与矿化垃圾混合填埋工程

4.5.2.1 项目概况

上海老港填埋场污泥与矿化垃圾混合填埋工程,利用老港填埋场现有垃圾,处理白龙港污水处理厂的脱水污泥。

4.5.2.2 项目规模

该项目处理规模为4年100×10^4 t污泥总量。

4.5.2.3 混合填埋方式

老港场内短驳车辆将污泥由码头运至预处理区,污泥卸入污泥储池,筛分好的矿化垃圾则存放在预处理区矿化垃圾堆放区。污泥和矿化垃圾分别由污泥泵和装载机运送至预处理车间混合区。污泥和矿化垃圾按2:1的配比掺混,进入混合搅拌机,经充分混合搅拌后,为降低污泥散发的臭气浓度,混合时按0.1%的配比掺混专用植物提取液,混合料由装载机运入车间翻堆稳定化区。污泥和矿化垃圾的定量混料分别由无轴螺旋输送机和皮带输送机(带均料器)实现。混合料在预处理车间混合区铺成长80 m,宽5 m的条垛共12条,利用挖掘机和装载机规整,使混合物料垛宽5 m,高2.4 m,有效截面积为6 m^2。接着利用跨翻式翻堆机在物料上进行翻堆,每天翻堆一次,采用BACKHUS16.50跨翻式翻堆机,每天工作5~6 h。翻堆机工作原理如下:柴油发动机动力通过液压传动实现滚筒升降,履带式行走,最主要的是使翻抛滚筒转动,带动滚筒上的刀板对物料进行破碎、翻抛,从而在设备后面形成新条垛。污泥/矿化垃圾混合物经过4天的稳定化翻堆后,成品混合料用装载机装车,运往污泥填埋区填埋。

以处理污泥 800 t/d 计，需要矿化垃圾 400 t/d，经混合后，产生的污水（含冲洗废水）约 50 t/d，污泥混合物出料量约为 1170 t/d。

经混合和堆放后，出料含水率约为 59%，容重为 1.0 t/m^3。

4.5.2.4 预处理工程设计

A 污泥储池

污泥储池尺寸为 20 m×15 m×4 m，有效容积为 1110 m^3，地下式钢混凝土结构，顶板设两个卸料口。污泥储池顶板设有检修人孔和涡流通风器。污泥储池内设 3 台（二用一备）螺杆泵。

B 矿化垃圾堆料场

垃圾堆放场尺寸为 55 m×20 m，底部做 20 cm 高的混凝土地坪，四周做 0.3 m 宽的排水沟。

C 混合预处理车间

混合预处理车间占地面积为 9760 m^2，层高 6 m，轻钢结构，底部为 1 m 高砖砌维护，侧墙顶部为 2 m（4～6 m 标高）镂空。车间分两个区域：混合区和翻堆稳定区。混合区内设置混合搅拌机、皮带输送机和无轴螺旋输送机等输送及混合设备。翻堆稳定区共分 4 个隔间（中间用 1.2 m 高的混凝土隔墙分隔），混合条堆总长度为 960 m，条堆形状为等腰三角形，底宽×高度 =5 m×2.4 m。

D 停车库、备件仓库及管理用房

主要包括停车库、配件仓库、更衣室和管理用房，建筑总面积为 1144 m^2，与预处理车间做成一体式车间。停车库用于停放翻堆机、装载机和挖掘机等作业机械。车库单层结构层高为 6.0 m，室内外高差 0.30 m，建筑物总高约为 7.50 m。

E 集水池

外形尺寸为 6 m×6 m×3 m，钢混疑土结构，地下式。冲洗水和混合时产生的污水自流进入集水池，利用水泵泵入污水处理系统调节池。选用耐腐蚀不锈钢潜污泵，水泵参数为 $Q = 10\ m^3/h$，$H = 8$ m（水柱），$P = 1.1$ kW，一用一备。

F 预处理车间除臭系统

由于污泥在搅拌、堆放过程中会产生臭味，不仅会对预处理车间内的环境和空气产生污染，同时还会逸出车间，在自然风的吹送下恶化周边环境质量。为了改善操作环境，拟对污泥预处理车间的臭气进行治理。根据实际经验，拟采用植物提取液喷淋除臭技术对臭气进行处理。该技术对恶臭气体的降解一般在 2～50 s，因此，利用该技术应对恶臭气体浓度的上升非常有效，不失为常规和应急防治的良好选择。

4.5.2.5 填埋库区设计

A 围堤工程设计

在过渡填埋单元东侧和南侧，利用已有围隔堤，在西侧和北侧新建围堤，新建围堤长度为 385 m。围隔堤堤身形式均为土堤堤身，考虑现场取土的土质较差，新堤采用外购土方的方式筑堤。

围堤主要标准包括：

围堤顶标高：吴淞零点 +8.00 m；

围堤顶宽：4.5 m；

围堤边坡:1∶1.5(每隔3.5 m增加2 m宽平台);

错车平台:宽度为5 m,长度为10~16 m。

B 库底开挖及地基处理工程

库底开挖面标高为-1.1~1.1 m。库底整平设计如下:对底部存在的杂草、淤泥加以清除,并用非表层土回填压实,填埋库区底部最终的基础设计层为砂质粉土层。

填埋区的排水方向为双向双坡。纵坡整平坡度为2%,以单元中间主盲沟末端为控制高程,向南北两侧围堤方向进行整平。横坡整平以主盲沟为主控制线进行整平,坡度也为2%。

C 地下水导排工程

根据本工程地质勘探资料,库区底部地下水位标高在3.08~3.97 m范围内,填埋区底部将会被开挖到这一标高以下。因此,控制地下水位是十分关键的。地下水收集与导排工程设计主要包括周边围堤设置垂直防渗墙和设置地下水导排盲沟。目前,在一、二、三期库区周边已有垂直防渗墙。

地下水导排盲沟系统包括主(副)盲沟、导排井、集水管与排放管等。主副盲沟以16~32 mm碎石作为导流层,以5 mm复合土工排水网作为地下水排水通道。主盲沟断面为2 m×0.3 m,副盲沟断面为1.5 m×0.3 m,盲沟上覆150 g/m^{2}机织土工布。在每个单元地下水导流主盲沟末端设置集水设施,在主盲沟末端设置集水井,井内设置导排泵将地下水导出,共需集水井2座(ϕ1500 mm×10 m)。

地下水导流主盲沟末端汇集到集水井,通过导排泵将地下水排入三、四期库区之间的界河。在围堤内侧设(9.2~19.2 m)×5 m平台(与渗滤液导排井共用此平台),上设地下水导排井和渗滤液导排井各一座,阀门井一座,井体为钢混凝土结构。井内设导排泵、阀门和管道等设备。

D 水平防渗工程

考虑该填埋单元为过渡填埋单元,为节约投资,场底防渗采用厚度为0.6 m,渗透系数小于10^{-7} cm/s的黏土,压实度不小于0.90。

E 渗滤液收集与导排工程

渗滤液收集系统由6.3 mm厚的复合土工网格、30 cm厚的矿化垃圾筛上物、碎石盲沟和导排井构成。过渡期填埋单元设置2条主盲沟和2座导排井,主盲沟中D_e=315 mm的HDPE管将收集到的渗滤液排入末端的导排井中。

主盲沟末端设置渗滤液导排井,井内设置导排泵。渗滤液由导排泵提升,泵后阀门井内设置2个阀门,分别通向雨水排放管和渗滤液输送管。当单元尚未开始填埋作业时,场内雨水通过雨水排放管排出场外,当单元开始填埋作业后,渗滤液排入渗滤液输送管(在填埋库区围堤内侧铺设D_e=63 mm的HDPE压力管),将渗滤液输送到渗滤液调节池。

F 地表水导排工程

过渡填埋单元东侧和南侧已有预制砼雨水明沟,结合老港垃圾填埋场一、二、三期封场工程投资可以修复,西侧和北侧385 m长的雨水明沟需要新建,采用1 mm HDPE膜+150 g/m^{2}土工布搭建。排水明沟边坡1∶1,底宽300 mm,深300~1100 mm,与东侧和南侧已有雨水明沟搭接。

G　填埋气体导排工程

填埋气体采用垂直导气石笼导排，石笼具体做法如下：

石笼内径为 800 mm，石笼内碎石粒径为 32 ~ 100 mm（保证其透气性及防止杂质堵塞孔眼），外围钢筋 $\phi8$，钢筋外围采用 150 g/m^2 机织土工布以防污泥淤堵。石笼内管道为 D_N = 160 mm 的 PVC 管、表面轴向开孔间距为 100 mm，导气石笼和导气管底部与渗滤液导排盲沟底部平齐，分段构筑，每段顶面均高出相应的覆盖层表面 1.0 m。在单元内每隔 30 ~ 50 m 安装导气石笼，共设置 12 个导气石笼。填埋气体采用自然导排方式。

H　封场工程设计

封场覆盖表面积约为 3.05×10^4 m^2，封场覆盖工程量为 30 cm 厚的压实黏土层 0.92×10^4 m^3。

5 污泥生物处理应用实例

5.1 污泥生物处理基本原理和方法

污泥生物处理法是利用生物的代谢作用，使污泥中呈溶解和胶体状态的有机污染物转化为稳定的无害物质的方法。

对于污水处理厂污泥，按照污泥生物处理的前后，可将生物处理分为前置处理和后置处理两种方法。污泥前置生物处理是指通过微生物自身的新陈代谢和微生物种群之间的捕食作用，以及对工艺和反应器的改良来实现污泥减量。例如膜生物反应器，延长生物滤池曝气过程，在好氧生物处理系统中利用原生动物和后生动物的捕食作用，减少污泥量，以及实施新的工艺，例如 OSA、Cannibal 工艺等。污泥后置生物处理是指在剩余污泥产生后运用生物手段对污泥实行的减量化、稳定化、资源化。对于污泥后置生物处理，按照污泥减量过程中起作用的微生物及所维持的环境(厌氧/好氧)，可以将污泥的生物减量方式分为：污泥厌氧消化、污泥好氧消化、污泥好氧堆肥以及利用微型动物摄食对污泥进行减量。

5.1.1 污泥厌氧消化

污泥厌氧消化是指污泥在无氧的条件下，由兼性菌及专性厌氧细菌将污泥中可生物降解的有机物分解为二氧化碳和甲烷，使污泥得到稳定。

5.1.1.1 机理

污泥厌氧消化过程非常复杂，目前，较为公认的是三阶段模型。三阶段消化的模式如图 5-1 所示。

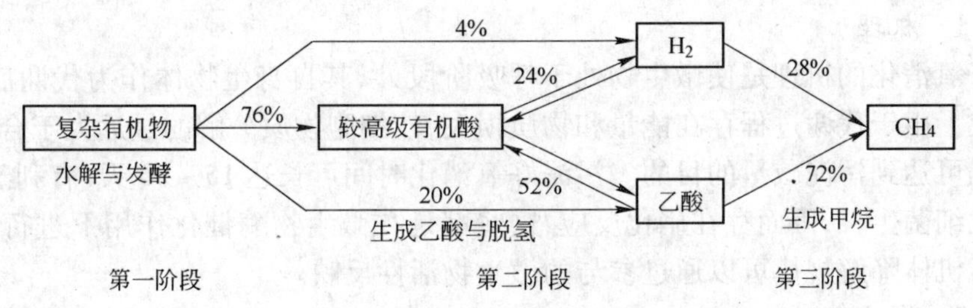

图 5-1 有机物厌氧消化模式

第一阶段，在水解与发酵细菌作用下，碳水化合物、蛋白质及脂肪水解与发酵转化成单糖、氨基酸、脂肪酸、甘油、二氧化碳及氢等。

第二阶段，在产氢产酸菌的作用下，把第一阶段的产物转化成氢、二氧化碳和乙酸，参与的微生物是产氢产乙酸菌以及同型乙酸菌。

第三阶段，通过两组生理上不同的产甲烷菌的作用，一组把氢和二氧化碳转化成甲烷，另一组将乙酸脱羧产生甲烷，参与的微生物是甲烷菌，属于绝对的厌氧菌，主要代谢产物是甲烷。

5.1.1.2　厌氧消化影响因素

影响厌氧消化的因素较多,主要包括:温度、污泥龄与负荷、搅拌和混合、碳氮摩尔比、有毒物质以及酸碱度、pH 值和消化液的缓冲作用。

5.1.1.3　消化池的构造

消化池的基本形状有圆柱形和卵形等,包括污泥投配、排泥及溢流系统,消化气排出、收集与贮气设备,搅拌设备以及加温设备等。

5.1.1.4　厌氧消化分类

根据不同的分类方法,污泥厌氧消化可有不同的分类。

按照污泥消化温度,可分为高温(50~55℃)消化和中温(33~35℃)消化,高温消化比中温消化的产气率高,消化池体积较小,但是能耗相对较高,控制困难。

按运行方式,可分为一级消化和两级消化。一级消化指污泥消化在单池内完成;二级消化根据污泥消化的运行经验,在两个消化池内完成,第一级消化池设有加热、搅拌装置及集气罩,第二级消化池不进行加热和搅拌,利用第一级的余热继续消化。此外,还有所谓的两相厌氧消化,即根据厌氧消化机理,水解和酸化在一个池内进行,甲烷转化阶段在另一个池内进行,可以使各阶段微生物在最佳环境条件下消化,但是,此方法会增加基建和操作费用。

厌氧消化法有传统消化法和高效消化法。传统消化池的缺点是:分层现象明显,使细菌和营养物得不到充分接触,因而负荷小,产气量低,操作困难。高速消化池克服了传统消化法的缺点,增加了负荷和产气量。厌氧接触法是在连续搅拌厌氧消化池的基础上加一个沉淀池收集污泥,并将厌氧污泥回流到消化池中,增大了反应器中厌氧污泥的浓度,处理效率和负荷也显著提高。

5.1.2　污泥好氧消化

污泥好氧消化是指污泥在有氧的条件下,由好氧细菌将污泥中可生物降解的有机物分解为二氧化碳、水及氨气等,使污泥得到稳定。

5.1.2.1　机理

污泥好氧消化的机理是使微生物处于呼吸阶段,以其自身生物体作为代谢底物获得和进行再合成。由于代谢过程存在能量和物质损失,使细胞物质分解的量远大于合成的量,强化这一过程可达到污泥减量的目的。污泥好氧消化时间可长达 15~20 天,有利于世代时间较长的硝化细菌生长,因而存在硝化反应,这些都是在微生物酶催化作用下进行的,其反应速率以及有机体降解规律可以通过参与的微生物活性反映。

5.1.2.2　影响因素

影响好氧消化的因素较多,主要包括:污泥浓度、溶解氧、温度、搅拌等等。

5.1.2.3　好氧消化分类

好氧消化种类很多,比如传统好氧消化(CAD)、缺氧/好氧消化(A/AD)、自热高温好氧消化(ATAD)、两段高温好氧/中温厌氧消化(AerTAnM)工艺等等。

5.1.2.4　好氧消化的优缺点

好氧消化池构造类似于完全混合活性污泥法的曝气池,包括好氧消化室、泥液分离室、消化污泥排除管和曝气系统。好氧消化法的操作较灵活,可以间歇运行操作,也可连续运行。

与污泥厌氧消化相比,好氧消化处理的基建设施占地小,基建费用低,运行安全,管理方便简单;污泥中可生物降解有机物的降解程度高;处理后的产物无臭味、肥效较高,易被植物吸收;特别适合于中小污水处理厂的污泥处理。但是,好氧消化也有其自身的缺点:供氧需要动力,能耗大,运行费用高;无沼气回收;因好氧消化不加热,污泥有机物降解受温度影响较大;好氧消化污泥进行重力浓缩后,上清液固体浓度高。

5.1.3 污泥好氧堆肥

污泥堆肥化是指在人为控制的条件下,依靠自然界中的细菌、放线菌、真菌等微生物,促进污泥中可生物降解有机物转化为稳定的腐殖质的生化过程。根据堆肥化过程氧气的供应情况,可分为好氧堆肥和厌氧堆肥。

污泥好氧堆肥是在通风条件好、有氧的条件下,利用嗜温菌、嗜热菌等好氧微生物的生命活动对污泥进行吸收、氧化、分解的过程。微生物通过自身的代谢活动,把一部分吸收自污泥的有机物氧化成简单的 CO_2 和水等无机物,并释放出供微生物生长活动所需的能量;把另一部分有机物转化合成为新的细胞质,使微生物不断繁殖。污泥厌氧堆肥是在无氧条件下,利用厌氧微生物的作用,将污泥发酵分解,制成有机肥料,使污泥无害化的过程,其最终产物除 CO_2 和水外,还有氨气、甲烷、硫化氢以及其他还原性产物。由于目前污泥堆肥化基本上采用的是好氧堆肥,因而本书主要阐述好氧堆肥实例。

5.1.4 生物捕食的污泥减量化

减量剩余污泥的另一个方法是通过食物链发展高级生物的食物链,如细菌→原生动物→后生动物,其中原生动物有纤毛虫等,后生动物有寡毛纲蠕虫,如仙女虫、红斑体虫和颤蚓等。在这种食物链中,能量从低级的细菌传递到高级的原生动物和后生动物,通过生物间的不完全转化,能量不断减少。通过优化条件,使原生动物和后生动物捕食细菌,有机物转化为能量、二氧化碳和水,总能量损失达到最大,生物量减少达到最大。

5.2 污泥厌氧消化应用实例

5.2.1 工程概述

重庆市鸡冠石污水处理工程污水处理规模为 60×10^4 t/d,采用 A^2/O 工艺,包括预处理、一级沉淀处理、二级生物处理、消毒、杀菌等工艺过程,使污水处理后达到国家一级排放标准后,排入长江。下面主要介绍其污泥厌氧消化处理工艺的调试和运行。

5.2.2 污泥处理与沼气系统工艺

污泥处理采用重力、机械浓缩、中温厌氧消化、机械脱水、污泥料仓暂存、外运填埋工艺,其主要构筑物包括重力浓缩池、机械浓缩机房、均质池、消化池、湿污泥池、脱水机房和污泥料仓。沼气系统采用脱硫净化、气柜储存、燃气锅炉燃烧利用、余气燃烧工艺,其主要构筑物包括脱硫塔、储气柜、燃气锅炉房和余气燃烧塔。其工艺流程如图 5-2 所示。

5.2.2.1 污泥厌氧消化工艺

该工程采用中温厌氧消化,消化温度为 33~36℃;消化池形为卵形,共 4 个消化池,单池容量为 11800 m^3。消化池组：四池组成一级消化。

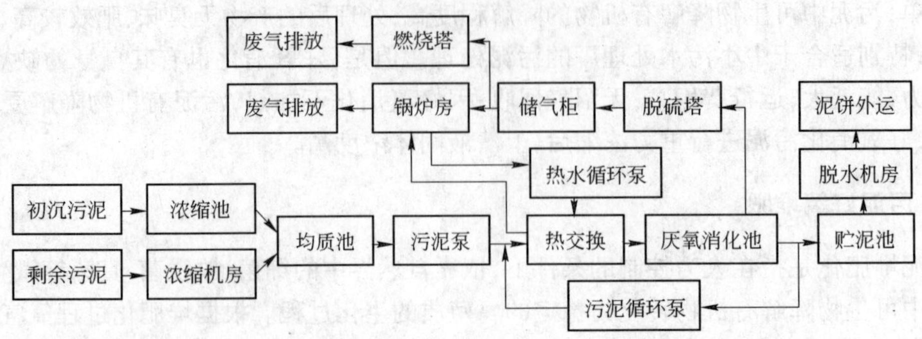

图 5-2 污泥厌氧消化处理工艺流程

A 消化系统的具体操作方式

该厌氧消化系统包括进泥、排泥、排上清液、搅拌和加热五部分，同时，在试运行前须用水或稀污泥置换厌氧消化系统中的空气。以上操作不能同时进行，本系统的具体操作方式如下：

(1) 消化方式：一级消化；

(2) 进泥方式：正常和空池情况下分别采用上部进泥和下部进泥；

(3) 排泥方式：正常情况下采用下部溢流排泥，必要时采用上部溢流排泥；

(4) 加热方式：采用池外螺旋板式热交换器循环加热；

(5) 搅拌方式：池内采用导流式水力循环搅拌，池外采用泵循环式水力循环搅拌。

B 操作步骤

本系统试运行的操作步骤如下：

(1) 用二沉池出水注满消化池；

(2) 将消化池水加热至 33～36℃；

(3) 向消化池逐渐投泥；

(4) 消化池剩余空气置换。

C 操作顺序与周期

根据本系统的操作方式确定本系统应执行的具体操作，如本系统运行初期为一级消化，故不宜排上清液。又如本系统的进泥方式为上部进泥，而排泥方式为下部溢流排泥，故进排泥应同时进行。又如本系统的加热方式为池外热交换器循环加热，故加热和搅拌应同时进行。

操作周期在人工操作时选择 8 h(在自动操作时可选择 2～4 h)，进排泥时间受进泥螺杆泵最大流量 35 m^3/h 的限制，最短为 4 h；受进泥螺杆泵最小流量 27 m^3/h 的限制，最长为 5.2 h。相应每天搅拌时间从 8.4～12 h，满足搅拌时间不低于 6 h/d 的要求。

5.2.2.2 工艺控制

A 进泥量和排泥量控制

a 控制目标

进泥量和排泥量的控制目标：一是满足污泥的浓度要求，二是达到两者的完全一致。原因在于：排泥量大于进泥量时，消化池液位会下降，导致池内出现真空状态，当真空达到一定程度时,真空安全阀会损坏,空气进入池内则存在爆炸的危险;排泥量小于进泥量时,消化池液位会上升,当出流管套筒阀开启时,消化池上部污泥自出流管溢出,得不到消化处理;而在出流管套管阀关闭时,导致消化池气相工作压力升高,破坏压力安全阀,使沼气逸入大气,同样存在爆炸的危险。

b 进泥量和进泥时间计算

进泥量和进泥时间的计算依据为系统的相关设计值与实际值,包括:

(1) 同时进泥时,单池污泥量为417.5 m^3/d,即剩余污泥浓缩机房污泥量为835 m^3/d;2007年7月17日~8月25日(其中7月17~20日为雨天)的运行记录表明:剩余污泥浓缩机房污泥量为789.6 m^3/d;

(2) 挥发性固体含量(进泥干污泥中有机分)按45%计;2007年9月的测试表明,挥发性固体含量(进泥干污泥中有机分)为30%~39%;

(3) 卵形消化池单池有效容积为11800 m^3,即4个消化池的有效容积为47200 m^3;

(4) 污泥消化时间为20天;

(5) 剩余污泥含水率为99.3%;

(6) 浓缩污泥含水率为95%(污泥质量浓度为50 kg/m^3);

(7) 消化池污泥负荷(按VSS计)为1.08 kg/(m^3·d);

(8) 每个消化池配两台进泥螺杆泵(一用一备),每台进泥螺杆泵流量为27~35 m^3/h。

根据以上设计值,最终将消化池进泥量设定为31 m^3/h(调整范围为27~35 m^3/h),进泥时间设定为4.5 h(调整范围为4~5.2 h)。

c 排泥量控制

该系统采用了上部进泥、下部溢流排泥的方式,可保证排泥量与进泥量的一致,达到排泥量与进泥量的完全相等。

B pH值及碱度控制

厌氧消化系统运行正常时,产酸细菌和甲烷细菌会保持平衡,消化池的pH值自动维持在6.5~7.5范围内,碱度(以$CaCO_3$计)一般在1000~5000 mg/L之间,最佳值在1500~3000 mg/L之间。当pH值低于6.5时,消化系统处于严重的酸化状态,甲烷菌受到抑制,产气量会大大降低,因此必须采取pH值及碱度控制措施。鸡冠石污水处理工程消化系统pH值及碱度控制程序如下:

a 人工取样测试

每个周期取样两次测试消化液的*VFA*和*ALK*,其中一次在进排泥期间,另一次在加热和搅拌期间。

b 计算ΔALK

$$\Delta ALK = ALK_T - ALK_0 - ALK_A$$

$$ALK_A = 85\% \times 83.3\% \times VFA$$

式中,ALK_0为所需碱度,mg/L;ALK_T为实测总碱度,mg/L;*VFA*为以乙酸计的挥发性脂肪酸浓度,mg/L;85%是指在pH值为4.3时,只有85%的挥发性脂肪酸盐重新转化为脂肪酸;83.3%是指$CaCO_3$和乙酸的酸碱当量之比;ALK_A表示挥发性脂肪酸碱度。

c 判断是否需要加碱

当$\Delta ALK \geq 0$时,不需要加碱;

当 $\Delta ALK<0$ 时，则应加碱补充系统内的碱度不足。

d　碱度补充

若需要补充碱度，则碱度补充量计算如下：

$$M=37\times V\times 10^{-3}\times \Delta ALK/50$$

式中，M 为需投加的石灰 $Ca(OH)_2$ 的量，kg；V 为消化池的有效容积，m^3；37 指 $Ca(OH)_2$ 的酸碱当量；50 指 $CaCO_3$ 的酸碱当量。

向均质池人工投熟石灰粉补充碱度，并在搅拌后取样测试。投加石灰时应确保消化池的真空安全阀正常工作。

寻找 pH 值及碱度异常的原因，并针对原因采取相应的排除措施：如因温度波动导致的异常，则应加强加热系统的控制，使温度保持稳定；如因有机物超负荷所致，则应降低进泥量。

当 $\Delta ALK\geqslant 0$ 时，停止加碱。

C　加热系统的控制

甲烷菌对温度的波动非常敏感，一般应将消化污泥的温度波动控制在 ±2℃之内（例如34℃ ±2℃），但允许在33～36℃温度范围内作缓慢的温度变化（设计温度范围为33～36℃、温度波动范围为 ±2℃）。

本系统采用螺旋板式热交换器，该型热交换器由螺旋体组成，螺旋体又由两条金属管带构成两条同心的螺旋流通道。热水和污泥在这两条通道中逆向流动，其中热水由中心向外流动，而污泥则由外向中心流动，从而完成热交换。

本系统的热交换器提供温度自动控制系统，满足以下工况：

冷侧（污泥）：进口温度28.8℃，出口温度35.4℃；

热侧（热水）：进口温度70℃，出口温度50℃。

D　搅拌系统的控制

良好的搅拌可以提供一个均匀的消化环境，是得到高效消化效果的前提。搅拌系统的运行方式有两种，一是连续搅拌；二是间隙搅拌，每天搅拌数次，搅拌时间保持在6 h 以上。

注：进泥初期可不搅拌，但在进泥5～15 日期间，为防止污泥沉积，每班可在进泥后启动搅拌机30 min。搅拌系统通常应遵循以下原则：

(1) 加热与搅拌应同时进行；

(2) 底部排泥时应尽量不搅拌。

本系统采用池内导流式和池外泵循环相结合的水力循环搅拌。池内导流式是在消化池内设有导流筒，在筒内安装螺旋推进器，使污泥在池内实现循环；池外泵循环是在消化池外设污泥循环泵，可使污泥在池外实现循环。

本系统采用间隙搅拌方式，每天搅拌三次，总搅拌时间可在8.4～12 h 内调整。搅拌在进排泥结束后进行。如需对污泥加热，则应保证加热和搅拌同时进行。

5.2.2.3　消化污泥培养

消化系统试运行的一个重要步骤就是培养消化污泥，而消化污泥培养正常的一个主要标志是产酸菌和甲烷菌在数量上的动态平衡。由于产酸菌繁殖速度快，对环境条件要求较低，极易大量培养繁殖；而甲烷菌对环境条件要求较高，初期培养较困难，因此，培养消化污泥的主要目标是甲烷菌的培养。

甲烷菌的培养方法有两种，一是接种培养法，二是逐步培养法。本系统甲烷菌的培养采用逐步培养法，即向已注满二沉池出水的消化池逐步投入新鲜污泥，使消化污泥逐渐自行形成，一般需耗时2~3个月。

消化污泥培养过程的工艺控制如下。

A 二沉池出水注满消化池

本系统采用加氯接触池出水（但注水期间暂停加氯），该步骤与搅拌器的单机和联动调试合二为一，该步骤可达到以下目的：

(1) 用水和空气置换消化池中的空气，保证安全并降低成本；

(2) 完成消化池搅拌器的带负荷调试；

(3) 缩短消化污泥的培养时间，并创造逐步投泥、逐步加大有机物投配负荷的条件。

B 逐步向消化池投加新鲜污泥

该步骤将有效控制有机物投配负荷，保证在消化污泥培养初期，有机物投配负荷（按VSS计）控制在0.5 kg/(m^3 · d)以下。此时应按工艺控制的要求进行各项控制。

C 多次检测消化污泥的各项指标

在消化污泥培养过程中，应对消化污泥的各项指标进行检测，每周期至少两次，分析其变化规律，并据此对培养过程随时予以调整。如检测到的指标在允许范围内，则标志着消化污泥已培养成功，可结束试运行，投入正常运行。

消化污泥正常时的指标范围如下：

项　目	允许范围	最佳范围
pH 值	6.4~7.8	6.5~7.5
溶液氧化还原电位（ORP）/mV	-490~-550	-520~-530
VFA（以乙酸计）/mg · L^{-1}	50~2500	50~500
ALK（以 $CaCO_3$ 计）/mg · L^{-1}	1000~5000	1500~3000
VFA/ALK	0.1~0.5	0.1~0.3
沼气中 CH_4 含量/%	>55	>60
沼气中 CO_2 含量/%	<40	<35

5.2.3 运行记录与分析

4号消化池2008年5月26日~6月25日一个月的运行结果显示：

(1) pH值：最小值为7.1，最大值为7.58（一次），基本在最佳指标范围之内；

(2) *ALK*：最小值为1196 mg/L，最大值为1839 mg/L，其中仅两次略低于1300 mg/L，但也在允许范围，基本在最佳指标范围之内；

(3) ORP：最小值为-194 mV，最大值为-130 mV，全部在最佳指标范围之内；

(4) *VFA*：最小值为108 mg/L，最大值为439 mg/L，全部在最佳指标范围之内；

(5) *VFA/ALK*：最小值为0.1，最大值为0.29，全部在最佳指标范围内。

根据运行记录的分析，鸡冠石污水处理厂的污泥厌氧消化系统各项指标均在最佳指标范围内,标志着消化污泥培养成功,消化系统已正常运行。

5.3　好氧消化应用实例

5.3.1　工程概况

东莞市御景湾酒店产生的污水量约为600 m^3/d,主要由厨房污水、洗涤污水、生活污水组成,采用的处理工艺为水解酸化和接触氧化法。由于工程处理规模较小及酒店周围环境要求较高,故构筑物都采用了地埋式。剩余污泥采用好氧消化进行处理,工艺流程见图5-3。

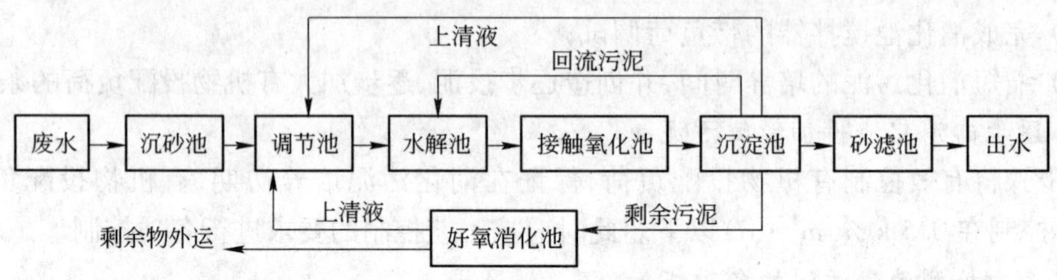

图5-3　污泥好氧消化工艺流程

5.3.2　好氧消化池的设计

5.3.2.1　设计参数

根据进出水 BOD_5 进行设计,设计参数:进水 BOD_5 为200 mg/L;出水 BOD_5 为20 mg/L;生物膜法的产泥浓度为10~20 g/L;挥发性悬浮固体去除率为45%~50%。

5.3.2.2　池体设计

A　池形的选择

好氧消化池设计成矩形,以便于管道的安装,池子长宽比为1:1,采用穿孔管曝气,由于构筑物采用地埋式,故设计超高取0.4 m。为保证连续运行,设计2座消化池一备一用。

B　池容积的确定

池容积根据污泥产生量 W(kg/d)和达到设计氧化率所需的停留时间 t_{HR}(d)来确定。

a　污泥产生量 W

不考虑 BOD_5 在水解池中的变化,则设计时采用曝气池污泥产量公式 $W = YQS_r - KVX_a$ 来估算污泥量。为估算方便,将其简化为:

$$W = YQS_r \tag{5-1}$$

式中,Y 为理论产泥率,取典型值 $Y = 0.6$;Q 为日处理水量,$Q = 600\ m^3/d$;S_r 为进水与出水 BOD_5 的浓度差,$S_r = 180$ mg/L。

根据式(5-1)计算出 $W = 0.6 \times 600 \times 0.18 = 64.8$ kg/d。

b　污泥体积 V_1

因为污水采用接触氧化法进行处理,所以产泥浓度参照生物膜法的产泥浓度进行估算(10~20 g/L),取其平均值15 g/L,另由平衡公式 $V_1 \times 15\ g/L = W$ 得每天所产污泥体积 $V_1 = 4.32\ m^3/d$。

c　水力停留时间 t_{HR}

在污泥的好氧消化处理中,VSS 大多在 10 ~ 15 天被去除,由于酒店污水可生化性较好,污泥中的挥发性有机成分含量也相对较高,因而,在好氧条件下,其消化时间应相对短一些,故将水力停留时间确定为 10 d。根据污泥的体积和消化时间,消化池的有效容积 $V = t_{HR} \times V_1 = 43.2\ m^3$。

5.3.2.3 需气量的确定

分解污泥中有机物的需氧量取经验值每 1 kgVSS 需 2 kg O_2,假定产生的 VSS 全部进入消化池且去除率为 40%,则 VSS 的去除量为 26.0 kg,需氧量为 52 kg/d。穿孔管曝气氧气利用率一般为 6%,由平衡关系式 $Q_{O_2} \times 20\% \times 6\% \times 1.25 = 52$($Q_{O_2}$为所需空气量,空气密度近似为 1.25 kg/m^3)可知所需空气量约为 3 500 m^3/d,即供气量为 2.4 m^3/min,据此选择风机。

5.3.3 调试及运行

工程调试初期,接触氧化池中生物膜尚未形成,因而,需将沉淀池泥斗中的大部分污泥回流至水解池。当生物膜形成并生长到一定的厚度时,需控制好污泥回流量和剩余污泥量。考虑到水解池有脱氮除磷的要求,以及水解池可消化部分污泥,故将大部分污泥回流至水解池,而将较稀的污泥尽量提升至好氧消化池中进行消化(维持消化池中的 DO 在 2 mg/L 左右)。

消化池正常运行后,控制进泥的 SV 低于 10%,当 SV 超过 10% 时需加大污泥回流量;控制消化池中挥发性固体的负荷不大于 5 $kg/(m^3 \cdot d)$。消化池每个月清理一次,清理期间启动备用池。该工程自 2001 年 12 月开始运行,污泥好氧消化池运转状态良好。2002 年 3 月消化池 MLVSS 的去除率在 54.8% ~55.3%,达到了设计要求。

5.3.4 运行费用

该工程采用一台功率为 11 kW、风量为 10 m^3/min 的风机供气,实际供气量为 1.5 ~ 2.0 m^3/min,按每天 24 h 运行、电价以 1 元/(kW · h)计,运行费用约为 50 元/d,不包括每隔一段时间用车拉走池中剩余物的费用,因而运行费用偏高。

5.4 污泥好氧堆肥应用实例

污泥好氧堆肥工程实例较多,技术也相对成熟,在堆肥产物具有市场的情况下,应用空间较为广泛。如杨家堡污水净化厂采用传统活性污泥法二级处理工艺,设计处理能力为 $16.64 \times 10^4\ m^3/d$,污泥处理系统产生的脱水污泥量为 74 m^3/d,含水率为 75%。该污泥处理示范厂建于 2001 年,项目污泥处理量为 74 m^3/d,辅料为玉米芯和菇渣,采用阳光棚发酵槽堆肥工艺,发酵槽使用搅拌式翻堆机。后续建有加工制肥生产线 1 条,年产有机 - 无机复混肥 1×10^4 t。产品有沃土有机肥和有机 - 无机复混肥,可用于农作物、果树以及园林绿化。江苏金坛市第一污水处理厂,采用 A^2/O 污水处理工艺,一期工程设计处理污水能力为 $3 \times 10^4\ m^3/d$,含水率为 80% 的脱水污泥产生量为 30 m^3/d。该污泥处理厂于 2004 年 12 月投入生产,项目污泥处理量为 30 m^3/d,同样采用阳光棚发酵槽堆肥工艺,发酵槽使用搅拌式翻堆机,辅料为菇渣和稻壳。配合建有加工制肥生产线 1 条,可年产有机 - 无机复混肥 1×10^4 t。产品为 NPK 总养分 15% ~20% 的系列有机 - 无机复混肥,主要用于农作物及园林绿化。

好氧堆肥作为污泥生物处理的重要方法之一，近年来发展较快，下面以我国中部某市的一个典型实例，就实际好氧堆肥工艺运行等方面进行介绍。

5.4.1　工程概况

该污泥堆肥处理工程于2009年9月试运行，处理规模为100 t/d，采用好氧堆肥工艺，二期工程处理规模为200 t/d，目前正处于建设前期阶段。

该市污泥堆肥处理工程规划处理三座市政污水处理厂的脱水污泥，三座污水处理厂总污水处理能力$80\times10^4\ m^3/d$，80%含水率的脱水污泥产生量为600 t/d。

通过方案比较，选择采用好氧堆肥工艺处理三座污水处理厂产生的污泥，处置方案选择土地利用或填埋。为稳妥起见，污泥堆肥厂建设计划分三步走：一期处理规模为100 t/d，二期处理规模为200 t/d，三期处理规模为300 t/d。

5.4.2　工艺流程

污泥堆肥厂的工艺流程如图5-4所示。

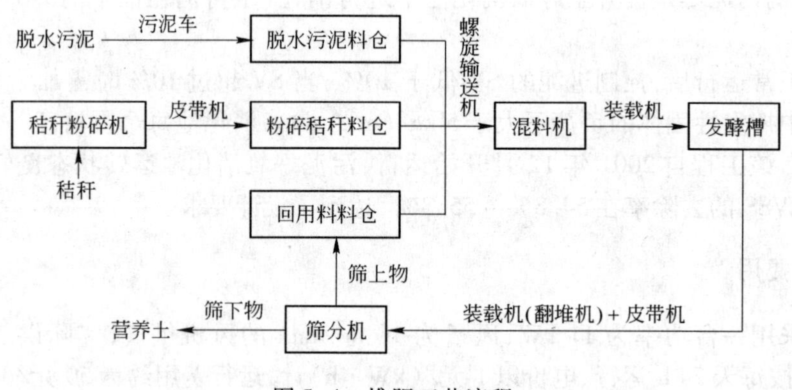

图5-4　堆肥工艺流程

在混料车间内设置了三个料仓：脱水污泥料仓、粉碎秸秆料仓和回用料料仓。污水处理厂的脱水污泥通过污泥运输车运至脱水污泥料仓；粉碎后的秸秆经皮带机输送至粉碎秸秆料仓；从发酵槽出来的物料经筛分机筛分后，筛上物进入回用料料仓。脱水污泥、粉碎后的秸秆及堆肥成品中的筛上物，这三种物料经混料机搅匀后用装载机运送至发酵槽中进行堆肥。堆肥后的物料通过装载机运送至回料皮带机上，通过回料皮带机输送到筛分机，经过筛分，筛上物进入回用料料仓重复使用，筛下物即为成品——营养土。

5.4.3　主要建设内容

主要建设内容包括：秸秆存放及粉碎车间、混料及好氧堆肥车间、风机房、生物滤池及配套的办公楼、变配电所、加油站、车库、化验室、职工食堂及宿舍等辅助生产、管理设施。处理厂预留了对营养土进行深加工制肥的面积。

秸秆存放料仓及粉碎车间为轻钢结构厂房，建筑面积2500 m^2；混料及好氧堆肥车间为预应力钢筋混凝土厂房，建筑面积22000 m^2，可以满足300 t/d处理规模。

5.4.4 发酵工艺

现代好氧堆肥工艺可分为翻堆条垛式堆肥、通风静态垛堆肥、发酵槽(池)式堆肥和筒仓式堆肥等。发酵槽式堆肥工艺具有占地面积小,堆肥效率高等优点,本工程选择发酵槽式堆肥工艺。发酵槽式堆肥工艺的特点是在发酵槽底部设置有送风系统,同时,可采用槽式翻堆机进行堆肥物料的翻堆。

5.4.4.1 发酵槽

发酵槽为钢筋混凝土结构,包括两个池壁,一个底板。相邻两个发酵槽共用池壁。池壁的宽度根据翻堆机的要求确定。池壁要能承受翻堆机的压力。发酵槽底板既要承受发酵物料的重力,又要承受装载机的重力,同时还要满足通风的要求。

发酵槽的设计包括单个发酵槽的尺寸设计和发酵槽的数量设计。发酵槽的宽度和高度尺寸根据翻堆设备的要求确定。本项目采用进口翻堆机,其要求发酵槽宽度为4.5 m,翻堆深度最大为2.0 m,考虑0.2 m的超高,则发酵槽的深度确定为2.2 m。为方便生产运行,单个发酵槽容积根据每日需要堆肥的物料体积进行设计。发酵槽的长度根据确定的物料体积、发酵槽宽度、高度尺寸综合确定为30 m。发酵槽的数量根据发酵周期确定。本项目设计发酵周期为21天,则发酵槽至少需要21个,考虑1个发酵槽进行周转,则发酵槽的数量为22个。当处理量达到300 t/d,设66个发酵槽;处理量达到600 t/d时,设132个发酵槽。

5.4.4.2 发酵槽的进出料

对于槽式发酵工艺,发酵槽的进出料有两种方式:部分进出料和整体进出料。部分进出料的特点是每次在发酵槽的起端进一部分料,通过翻堆机对物料的翻堆作用,将物料向发酵槽的末端移动,腾出进料的空间,第二次再在起端进一部分料,周而复始,直至发酵周期结束,成品料从发酵槽的末端排出。翻堆机在搬运物料的同时也对物料进行充氧、粉碎和混匀操作。整体进出料的特点是整个发酵槽一次性的全部进满料,当发酵周期结束时,一次性的全部出料。

为满足进料的需要,部分进出料工艺要求在整个发酵周期内按照固定的频率进行翻堆,而翻堆作业会引起堆体温度呈锯齿形变化,不能保证堆体的持续高温,不利于堆肥的无害化,因此,本工程选择整体进出料工艺。进料时,通过装载机一次性地将发酵槽装满料;出料时,一次性地将发酵槽中的物料全部搬运出来。在发酵周期的前期不翻堆,只进行鼓风供氧,满足无害化的持续高温要求;在发酵周期的后期,适当翻堆,满足堆肥均匀性的要求。

5.4.4.3 发酵槽的送风供氧

发酵槽式堆肥工艺根据供氧方式的不同分为风机强制供氧、翻堆供氧和风机强制供氧加翻堆供氧三种。发酵槽部分进出料工艺即是风机强制供氧加翻堆供氧的典型代表。本工程考虑到翻堆供氧容易造成堆体温度呈锯齿形变化,不利于堆体高温的持续,影响堆肥的无害化,因此,本工程前期采用风机强制供氧,后期采用风机强制供氧加翻堆供氧的两阶段供氧方式。每个发酵槽的最大设计供气量为60 m^3/min。根据堆体温度、堆体氧气浓度等参数按照事先编制好的程序控制风机的运行。

5.4.5 混料

按照好氧发酵的特点,发酵物料有三方面的要求:含水率、碳氮摩尔比和疏松度。只有适宜的含水率和碳氮摩尔比才能达到生物活动的需求。具有一定的疏松度才能使空气进入堆体。一般要求含水率为55% ~58%，碳氮摩尔比为25:1 ~30:1。

本项目所在地区盛产花生，花生壳丰富，在试运行中，将4 t含水率80%的污泥与1 t花生壳进行混合发酵，效果很好，一般1 ~2天堆体温度就会急剧上升，随后堆体温度稳定在60 ~70℃持续7天以上。

5.4.6 除臭

相对于厌氧发酵，好氧发酵产生臭味气体的量较小，但产生氨气不可避免。另外，当堆体供氧不足或碳氮摩尔比不合适时，发酵过程也可能会产生氨气、硫化氢、硫醇、胺类等臭味气体。一般的除臭方法有生物滤池法、土壤法等，本过程选择生物滤池法。在生物滤池中填充成品堆肥和树皮、木屑等的混合物，利用其中的微生物活动将臭味气体除去。生物滤池设计表面负荷为0.022 $m^3/(m^2 \cdot s)$，滤料高度1.5 m。为排除水蒸气凝结产生的凝结水，在生物滤池底部设置了排水系统。为保证生物滤池进气的湿度和滤料的湿度，设置生物滤池循环水系统。

5.4.7 小结

通过几个月的试运行，本项目取得了不错的效果，发酵后物料的含水率一般在37%左右，有机质含量一般在35%左右。实践证明，采用好氧堆肥工艺处理城市污泥是成功的。经检测，在没开启堆肥车间通风系统的情况下，堆肥车间空气中 NH_3 含量有些超标，H_2S 检测不到，预计生物滤池启用后，可解决 NH_3 超标的问题。该污泥堆肥处理工程是国内第一个引进进口槽式翻堆机的项目，通过使用发现，该翻堆机对物料的翻堆、搅匀效果极好，经过翻堆后，物料变得疏松，非常有利于堆体的通风供氧。

6　污泥干化与焚烧应用实例

6.1　污泥干化焚烧基本原理和方法

6.1.1　污泥干化基本原理及方法概述

6.1.1.1　基本原理

污泥干化就是利用人工或自然能源为热源，在工业化设备中，基于干燥原理而实现去除湿污泥中水分的目的的技术，即：将一定数量的热能传给物料，物料所含湿分受热后汽化，与物料分离，失去湿分的物料与汽化的水分被分别收集起来。其基础机理是水分的蒸发过程和扩散过程，这两个过程持续、交替进行。蒸发过程：物料表面的水分汽化，由于物料表面的水蒸气压低于介质（气体）中的水蒸气分压，水分从物料表面移入介质。扩散过程是与汽化密切相关的传质过程。当物料表面水分被蒸发掉以后，物料表面的湿度低于物料内部湿度，此时，需要热量推动力将水分从内部转移到表面，继而进行蒸发过程。

A　污泥干化的热能消耗

污泥干化意味着水的蒸发。水分从环境温度（假设 20℃）升温至沸点（约 100℃），每升水需要吸收大约 334.72 kJ 的热量，之后从液相转变为气相，需要吸收大量的热量，每升水大约 2255.176 kJ（标准大气压力下），因此蒸发每升水最少需要约 2594.08 kJ 的热能。

在常用的污泥干化工艺中，为了安全，常将工作温度控制在 85℃左右，每升水从 20℃升温至 85℃需吸热 271.96 kJ，在 85℃时，汽化需耗热量相差不大，因此，常以 2594.08 kJ/L 的水蒸发量作为干化系统的“基本热能”。

输入干化系统的全部热能有四个用途：加热空气、蒸发水分、加热物料和弥补热损失。蒸发水分耗热量和输入热能之比为干化系统的热效率，通过尽量利用废气中的热量，例如用废气预热冷空气或湿物料，或将废气循环使用，也将有助于热效率的提高。

B　污泥干化的加热方式

污泥干化是依靠热量来完成的，热量一般都是由能源燃烧产生的。热量的利用形式有直接加热和间接加热两类：

（1）直接加热。将高温烟气直接引入干化器，通过高温烟气与湿物料的接触和对流进行换热。该方式的特点是热量利用效率高，但是会因为被干化的物料具有污染物性质，而带来废气排放问题。

（2）间接加热。将热量通过热交换器，传给某种介质，这些介质可能是导热油、蒸汽或者空气。介质在一个封闭的回路中循环，与被干化的物料没有接触。如以导热介质为热油的间接干化工艺为例：热源与污泥无接触，换热是通过导热油进行的，相应设备为导热油锅炉。

导热油锅炉在我国是一种成熟的化工设备，其标准工作温度为 280℃。这是一种有机质为主要成分的流体，在一个密闭的回路中循环，将热量从燃烧所产生的热量中转移到导热油中，再从导热油传给介质（气体）或污泥本身。导热油获得热量和将热量给出的过程会产生一定的热量损失。一般而言，含废热利用的导热油锅炉的热效率介于85% ~ 92%之间。

C　污泥干化的热源

干化的主要成本在于热能，降低成本的关键在于是否能够选择和利用恰当的热源。按照能源的成本，从低到高一般为烟气、燃煤、蒸汽、沼气、燃油和天然气。

(1) 烟气。来自大型工业、环保基础设施（垃圾焚烧厂、电站、窑炉、化工设施）的废热烟气是可利用的能源，如果能够加以利用，是热干化的最佳能源，但温度必须较高，地点必须较近，否则难以利用。

(2) 燃煤。相对较廉价的能源，以燃煤产生的烟气加热导热油或蒸汽，可以获得较高的经济性。但目前国内大多数大中城市均限制除电力、大型工业项目以外的其他企业使用燃煤锅炉。

(3) 蒸汽。清洁，较经济，可以直接全部利用，但是将降低系统效率，提高折旧比例。

(4) 沼气。可以直接燃烧供热，价格低廉，也较清洁。

(5) 燃油。较为经济，以烟气加热导热油或蒸汽，或直接加热利用。

(6) 天然气。清洁能源，热值高。

所有干化系统都可以利用废热烟气运行，其中间接干化系统通过导热油进行换热，对烟气无限制性要求；而直接干化系统由于烟气与污泥直接接触，虽然换热效率高，但对烟气的质量具有一定要求，这些要求包括：含硫量、含尘量、流速和气量等。

6.1.1.2　干化方法的概述

根据污泥干化的形式，主要可分为自然干化和机械干化。自然干化由于占用较多土地，而且受气候条件影响大、臭味散发较大，在污水处理厂污泥处理中已极少采用。机械干化主要是利用热能进一步去除脱水污泥中的水分，是污泥与热介质之间的传热过程。

机械干化分为全干化和半干化。污泥干化中所谓的全干化和半干化的区别在于干化产品的含水率不同。这一提法是相对的，全干化指较高含固率的类型，如含固率在85%以上；而半干化则主要指含固率在60%左右的类型。

根据污泥与热介质之间的传热方式，污泥干化可分为对流干化、传导干化和热辐射干化。目前，在污泥干化行业主要采用对流和传导两种方式，或者两者相结合的方式。

对流干化也称直接热干化，即热空气、燃气或蒸汽与污泥直接接触，进行热交换，以去除污泥中的水分。这种技术热效率较高，且干化速度较快，但由于热媒与蒸发出的水汽、副产气一同排出干化机，排出气体量大，后续处理负担加重。

传导干化又称间接热干化，即将产生的热量通过热介质加热湿污泥，使污泥中的水分蒸发以达到干化的目的。热介质不限于气体，也可以用导热油等液体。这种技术避免了污泥和介质的直接接触，减少了分离两者所需的费用，但由于是间接传热，其热效率不如直接热干化。

热辐射干化目前还处于研究阶段，红外辐射干化被认为是较为可行的一种。即利用气体燃烧或通电产生红外辐射，放出热量对污泥进行加热的一种技术。相比其他方式，红外线具有较强的穿透能力，不易被大气吸收，可以使厚度较薄的污泥从内到外加热，其传热强度可以达到传统热风干燥的300倍。

6.1.2 污泥焚烧基本原理及方法概述

6.1.2.1 基本原理

污泥中含有大量的有机质,所以污泥具有一定的热值,污泥焚烧就是利用焚烧炉在有氧条件下高温氧化污泥中的有机物,使污泥完全矿化为灰烬的处理方式。污泥焚烧后会产生约1/10固体质量的无菌、无臭的灰渣。近年来,焚烧法由于采用了合适的预处理工艺和焚烧手段,达到了污泥热能的自持,并能满足越来越严格的环境要求。以焚烧为核心的处理处置方法是最彻底的污泥处理处置方法,它能使有机物全部碳化,杀死病原体,最大程度地减少污泥体积。其产物为无菌、无臭的无机残渣,含水率为零。而且占地面积小,自动化水平高,几乎不受外界影响,在恶劣的天气条件下不需存储设备。污泥焚烧产生的焚烧灰具有吸水性、凝固性,因而,可用来改良土壤、筑路等。

从国内外污泥焚烧技术的发展现状和上海这几年的工程实践来看,污泥焚烧在技术上是比较可靠的,而且能最大程度地实现污泥的减量化、稳定化和无害化。随着土地资源的日益紧缺,进入填埋场的污泥含水率要求和有机物含量要求不断提高,污泥填埋的比例可能逐步减少。污泥焚烧是一条比较完全的污泥处理处置途径。焚烧法的主要缺点是:(1)处理设施一次性投资大,处理费用较高;(2)焚烧过程可能会产生一定量的有害气体,污泥中的重金属会随着烟尘的扩散而污染空气,需要配置完备的烟气净化处理设施。

6.1.2.2 污泥焚烧分类

从污泥焚烧方式来说,主要可分为两大类:直接焚烧和干化焚烧。

(1) 直接焚烧:是将脱水污泥直接送焚烧炉焚烧,这类污泥焚烧时,由于水分过多将难以点燃,其热量平衡为负数,即必须添加燃料才能维持燃烧。

(2) 干化焚烧:是将脱水污泥干化后再焚烧。污泥在焚烧前首先必须进行干化或半干化处理,在引燃时添加少量辅助燃料,其后可以达到自燃。采用先进的热交换系统或热干化工艺,可以依靠污泥焚烧所产生的热能进行热干化,其热量可以满足大部分甚至全部干化的需要。

从污泥实际应用情况来说,污泥焚烧可以分为:利用垃圾焚烧炉焚烧、利用工业用炉焚烧、利用火力烧煤发电厂焚烧和单独焚烧等多种方法。

(1) 利用垃圾焚烧炉焚烧:垃圾焚烧炉大都采用了先进的技术,配有完善的烟气处理装置,可以在垃圾中混入一定比例的污泥一起焚烧,一般混入比例可达30%左右。

(2) 利用工业用炉焚烧:主要利用沥青或水泥的工业焚烧炉焚烧干化后的污泥,污泥的无机部分(灰渣)可以完全地被利用于产品之中。通过高温焚烧至1200℃,污泥中有机有害物质被完全分解,同时在焚烧中产生的细小水泥悬浮颗粒,会高效吸附有毒物质,而污泥灰粉也一并熔融入水泥产品之中。

(3) 利用火力烧煤发电厂焚烧:经过国外发电厂焚烧污泥研究证明,污泥投入量为耗煤总量的10%以内时,对于烟气净化和发电站的正常运转没有不利影响。

(4) 污泥单独焚烧:污泥单独焚烧设备有多段炉、回转炉、流化床炉、喷射式焚烧炉、热分解燃烧炉等。

焚烧处理污泥速度快,不需要长期储存,可以回收能量,但是,其较高的造价和烟气处理问题也是制约污泥焚烧工艺的主要因素。当用地紧张,污泥中有毒有害物质含量较高,无法采用其他处置方式时,可以考虑污泥的干化焚烧。上海市桃浦污水处理厂和石洞口污水处理厂,由于污泥不适合土地利用,分别采用直接焚烧和干化焚烧工艺,并成功运行多年,取得较好的效果,表明焚烧处理是一种有效的污泥处理处置技术。

6.1.2.3 焚烧设备

对应于不同的焚烧工艺,有不同的焚烧设备。国内外污泥焚烧厂目前所采用的焚烧设备主要有机械炉排炉、立式多段炉(多段竖炉)、流化床焚烧炉及回转窑焚烧炉四种。目前,常用流化床焚烧炉,如图 6-1 所示。

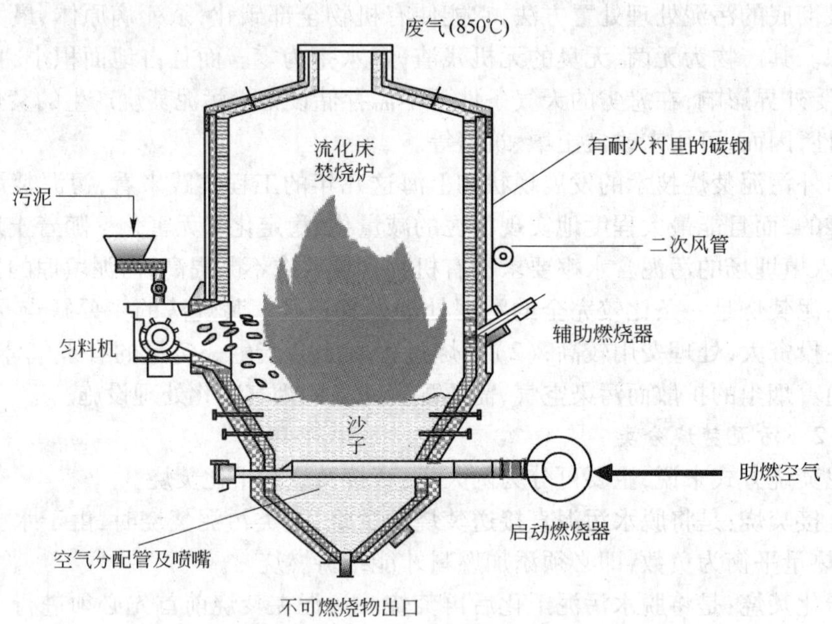

图 6-1 流化床焚烧炉示意图

流化床焚烧炉是借助不起反应的惰性介质(如石英砂)的均匀传热和蓄热效果,使污泥达到完全燃烧。因为砂粒尺寸较小,污泥饼必须先破碎成小颗粒,以便燃烧反应能顺利进行。

流化床焚烧炉的工艺流程可简单描述为:污泥经适当的预处理后,由给料系统送入循环流化床焚烧炉,调节进入燃烧室的一次风(燃烧空气多由底部送入),使其处于流化燃烧状态,由于循环流化床中的介质处于悬浮状态,气、固能充分混合接触,整个炉床燃烧段的温度相对较为均匀;细小物料由烟气携带进入高温分离器,收集后返回燃烧室,烟气经尾部烟道进入净化装置,净化后排入大气。如果在进料时同时加入石灰粉末,则在焚烧过程中可以去除部分酸性气体。

流化床焚烧炉的流动层根据污泥颗粒的运动和风速可分为固定层、沸腾流动层和循环流动层。利用流化床焚烧处置污泥,与其他焚烧法相比具有如下优点:

(1) 对废料适应性特别好,其良好的焚烧特性表明其更适合燃烧低热值、高水分,在其他焚烧装置中难以稳定燃烧的废弃物。

(2) 流化床焚烧炉内无活动部件,炉墙结构比较简单,整个设备结构紧凑,运行故障较少。

(3) 流化床焚烧炉采用分级燃烧技术,温度一般控制在850℃左右,属低温燃烧。低温燃烧有许多优点,如实现 NO_x 的低排放,不易结渣等。此外,流化床焚烧过程中其他有毒气体(氯化氢、氯气等)以及重金属的含量也可以得到有效的控制。

(4) 流化床炉内优良的燃尽条件使得灰渣含碳量低,属于低温烧透,易于实现灰渣的综合利用,同时,也有利于灰渣中稀有金属的提取。

6.2 污泥干化应用实例

污泥干化技术在国内外已经逐渐得到了较大的发展,各科研院所、设计院和企业强强联合,开发了一些适合世界各地不同实际情况的污泥干化技术。上海市石洞口污泥处理工程的干化技术较为典型,但因其为干化焚烧的联合工艺,将在第6.4节作详细介绍,在此不再赘述。以下列举了部分干化实例以供参考。

6.2.1 污泥热干燥造粒技术

杭州市四堡污水处理厂和七格污水处理厂,日处理污水约为 90×10^4 t,同时,两厂每天要产出约600 t污泥。按照规划,到2010年,两大污水处理厂将日处理污水 150×10^4 t,所产生的污泥也将激增至每天1125 t。以往污泥经过简单脱水后,直接送入填埋场填埋。然而,高含水(含水率为80%)的污泥会给填埋场的安全运营带来隐患。

为有效处置这些污泥,杭州市固废中心最终选取了“热干燥造粒技术”作为污泥处理的关键技术。该技术使污泥的干燥和造粒同时进行,一次性完成。处理后的污泥用途极其广泛,既可用于焚烧发电、填埋场的覆土,又可用于道路两旁的绿化用土、草坪养护,焚烧后的灰分还可用于生产建材。其中,利用干燥污泥的高热值,与生活垃圾混合焚烧发电最为理想。据估算,该技术每天可有效处置600余吨的市政污泥。

6.2.2 污泥涡轮干燥技术

涡轮干燥技术的核心在于成功利用了薄膜换热的原理,它将待处理的物料通过定量上料装置喂入一个圆柱状卧式处理器,处理器的衬套内循环有高温介质,如饱和蒸汽或导热油,使反应器的内壁得到均匀有效的加热,干燥的主要热量交换通过热壁的热传导来完成。

与此同时,还可以采用一定量的经过预热的工艺气体,其与物料的运动方向一致,在处理器的内部与高速涡流共同作用下,推动物料沿内壁向出口方向做螺线运动,物料颗粒在工艺气体的反复包裹、携带和穿流下,实现强烈的热对流换热。

在圆柱形处理器内,有与之同轴的转子,在转子的不同位置上装配有不同曲线的桨叶,转子通过处理器外的电机驱动,高速旋转,形成强烈涡流。物料在高速涡流的作用下,通过离心作用,在处理器内壁上形成一层物料薄层,该薄层以一定的速率从处理器的进料端向出料端做环形螺线移动,物料颗粒在薄层内不断与热壁接触、碰撞,完成接触、反应、灭菌或干燥等过程。

意大利涡龙设备与工艺公司(VOMM)是世界污泥干化处理设备方面的重要供应商之一,在污泥和湿性垃圾处理方面具有近20年的经验,这些经验来自其涡轮薄层干燥技术在制药、化工、食品行业的广泛应用和长期积累。

VOMM公司的涡轮干燥设备已成功地在意大利、法国、德国、西班牙以及美国等国家的几十家污水处理厂运行了10多年。

VOMM涡轮干燥技术可实现：

（1）减量化。干燥处理后的污泥（含水率小于5%）仅为脱水后污泥（含水率为70%～80%）体积的20%～25%，减量率大于70%。

（2）无害化和稳定化。干燥工艺可将污泥均匀加热到巴氏消毒温度并保持一定的时间，可以保证对微生物及病菌的彻底消灭，而且干燥后污泥的含水率（小于5%）低于微生物生存所需的含水率（不小于23%）要求，因此，在干燥污泥进一步处理、贮存和运输过程中不会产生腐化、发臭等问题。

（3）资源化。污泥的资源价值主要是所含的植物养分（氮、磷、钾及有机物）和生物能，在干燥过程中有效地去除了污泥中的重金属，并保护污泥中的植物养分和生物能不被破坏。同时，由于其贮存和运输特性比脱水污泥大为改善，可为绿化、农业利用创造更大的可能性。污泥的生物能还可通过燃烧的方式回收。

（4）商品化。VOMM工艺在干燥的同时可以完成造粒过程，干燥污泥可以形成规则的圆形颗粒，这样更便于包装、运输和以商品的方式投入市场。

VOMM涡轮干燥技术的优势在于：

（1）运行经济。VOMM涡轮干燥技术的特点是结合热传导和对流两种热交换方式进行干燥，可处理任意初始含水率的污泥。而且干燥器的能耗是目前世界上最低的，是现有可行的最为经济的干燥技术，其低廉的运行成本更适合国内需求。

（2）占地面积小、易于安装维护。设备布局紧凑、无需专用地基、易于安装维护，比其他类型的设备节约占地面积超过50%。

（3）运行灵活、可靠。干燥器独特的干燥工艺可以处理任意含水率的污泥和残渣，而且，可按照最终产品的要求达到任何含水率。在反应过程中，也可根据需要添加不同的药剂或化学制剂，从而中和污泥的化学活性或消除其中的重金属成分。反应温度和滞留时间都可实时监控，不会造成过热或燃烧现象。涡轮转子驱动和支撑部分都不接触污泥，使设备的运行更加可靠。

（4）设备安全。VOMM设备完全符合欧洲安全标准。由于气路实行闭环系统，故无废气排放到大气中，冷凝水也可循环使用，不会造成二次污染。

6.2.3　流化床干化技术

现介绍欧洲市场上典型的流化床污泥干化系统的工艺。

6.2.3.1　污泥进料系统

脱水污泥被送入料仓，而厂外的脱水污泥由卡车送入厂内的污泥接收仓，然后用泵将污泥打入料仓，从料仓这里，含固率在20%～37%之间的污泥由泵直接送入流化床内，无需污泥的预先混合和其他准备工作。

6.2.3.2　气体循环系统

流化床干燥机在密闭的惰性气体循环中运行。循环气体将床内的细粉和蒸发出的水分循环带出。细粉通过旋风分离器被分离，而气体中的水分通过冷却器采用逆向喷淋法洗涤。被分离出的细粉则送入混合器内与脱水污泥混合后再次进入流化床内，通过干化后其含固率也是90%。这保证了最终产品的颗粒直径和无尘状态，于是，被干化的无尘颗粒通过出口离开流化床干燥机。

冷却水来自于污水处理厂，最终回到污水处理厂。循环气体和密闭系统中的惰性气体通过冷却后由85℃降至60℃。而清洁和冷却后的循环气体通过风机循环至流化床内。

6.2.3.3 最终产品的处理

干化产品在惰性气体回路中通过流化床振动冷床冷却至40℃以下。循环气体的处理同干化回路中气体的处理类似。气体通过冷却器洗涤后由风机送回至冷却床，而干化颗粒被送入产品料仓。

6.2.3.4 控制

流化床干燥机的控制简单，完全实现自动化，无需夜间值班。产品料仓内的干颗粒无需测量和调整。流化床内强烈的物质和能量的转换保证了在床内温度85℃的前提下，其最终产品的含固率均为90%。为保证流化床内温度的恒定，污泥的送入量会不断调整。

流化床干燥机的干化能力由能量的供应所决定，即由热油温度或蒸汽温度决定。根据所能获得的热量和床内的固定温度85℃，确定一个特定的水蒸发量。进料量的波动或进料水分的波动，在连续供热温度保持恒定的情况，会使蒸发率发生变化。一旦温度变化，自动控制系统分别通过每台泵的变频调速控制器调节给供料分配器供料泵的供料速率，从而使干燥机的温度保持恒定。根据污泥的特性和污泥的含水率，污泥的进料量有所变化。这一概念保证了系统始终处在一个最佳蒸发率的状态。

荷兰 Beverwijk 污泥干化厂应用了循环流化床工艺，该厂建于1996年，设计年处理能力为100000 t/a，污泥来自15家污水处理厂，进厂污泥含固率为20%～25%，干化污泥含固率在90%以上，尾气处理采用生物过滤，热源为蒸汽汽轮机，最终干化污泥颗粒运往水泥厂或燃煤发电厂进行利用。污泥干化系统运行良好，年运行时间长达8000 h以上。

国内上海石洞口污水处理厂和北京清河污水处理厂的污泥处理工程均采用流化床干燥技术。北京清河污水处理厂已建设施处理规模（按DS计）为80 t/d，湿泥量为400 m^3/d，干燥后含水率为10%。工程目前处于试运行状态。

6.2.4 爱雪唯斯流化床干化技术

德国拉文斯堡公司的爱雪唯斯流化床污泥干化系统采用污泥直接加料设计，其特点是将污泥直接送入流化床干燥机内，无需任何前段准备。流化床干燥机只是一个简单的金属盒，在那里，干化和造粒同时完成。干燥机内充满了大量的干化的颗粒。脱水污泥由泵送入流化床，同时由特殊装置将其切碎后进入床内。这些脱水污泥迅速地与床内的干颗粒混合。由于存在很好的能量和物质交换条件，水分迅速蒸发，最终使床内的干颗粒的含固率达到90%。在干燥机内，污泥的造粒随着水分的蒸发自然发生，同时，颗粒在床内运动。污泥直接加料系统对污泥的特性变化不敏感，也就是说，该系统不需要不同污泥的事先混合，颗粒在流化床内形成。

这种直接加料系统是全自动系统，无需操作工人的管理。

流化床污泥干燥机的结构从底部到顶部基本上由三部分组成：

（1）风箱。在干燥机的最下面，用于将循环气体分送到流化床装置的不同区域，其底部装有一块特殊的气体分布板，用来分送惰性流化气体。该板具有设计坚固的优点，其压降可以调节，保证了循环气体能适量均匀地导向整个干燥机。

（2）中间段。在该段，热交换器内置于此。使脱水污泥的水蒸发的所有能量均通过此热交换器送入。通常，蒸汽或者热油可作为热交换的热介质。

（3）抽吸罩。作为分离第一步，抽吸罩用来使流化的干颗粒脱离循环气体，而循环气体带着污泥细粒和蒸发的水分离开干燥机。

通过流化床下部的风箱，循环气体被送入流化床内，颗粒在床内流态化并同时混合，通过循环气体不断地流过物料层，达到干燥的目的。

6.2.5　EcoDry 技术

Andritz 购买了 EcoDry 技术，在其污泥干燥系统的基础上，开发了一种新型的污泥干燥焚烧系统。该系统是在其 DDS 污泥干燥系统的基础上，首先将湿污泥干燥到水分为10%以下，再将干污泥加入旋风式焚烧炉进行焚烧。焚烧产生的热量用于湿污泥的干燥。因此，这个污泥干燥焚烧系统不需补充任何热能，只消耗电能。但这个污泥干燥焚烧系统的投资巨大，因为在投资已经很高的基础上，还需要焚烧炉。具体的总投资不详。此污泥干燥焚烧系统只在欧洲有两个应用厂家。

6.2.6　带式污泥干化技术

6.2.6.1　工作原理

在多数情况下，在烘干装置的前面是安装污泥面条机，使脱水污泥挤压成细长面条，然后放置在烘干运输带上。为了使污泥能粉碎至 5 ~ 10 mm 的颗粒，脱水污泥必须结实。污泥含固率在25% ~30%左右，污泥粉碎之后立即通过布料螺杆输送入烘干装置。

污泥铺设在透气的烘干带上之后，被缓慢输入烘干装置内。此时，烘干气体（烟气、热空气等）穿流烘干带进行烘干处理。因为在烘干过程中，污泥不需要任何机械处理，可以容易地经过“黏糊区”，不会产生结块烤焦现象，此外，烘干过程产生的粉尘量相对较少。

通过多台鼓风装置进行抽吸或推压，使烘干气体穿流烘干带，并在各自的烘干模块内循环流动进行污泥烘干处理，污泥中的水分被蒸发，随同烘干气体一起被排出装置。

带式污泥烘干过程主要利用干空气洗水能力对脱水污泥进行风干处理。根据气候条件的影响，自然风干能力不够时，则必须额外注入热能，提高空气温度进行烘干处理。

带式污泥烘干装置可以使脱水污泥直接穿越“黏糊区”，将污泥烘干至含固率在90%以上，其关键技术是根据污泥性质选择适合的进料/布料装置，将脱水污泥均匀铺设在烘干带上。此外，铺设在烘干带上的形式和污泥结构对污泥烘干的效果有很大影响。

目前，带式污泥烘干设备具有代表性的转筒干化设备的是德国汉斯琥珀公司的 KULT BT 型污泥干化设备。目前，在欧洲已建成投入使用的带式污泥烘干装置总计26套，干化水蒸发能力可达100 ~4000 kg/h，可实现部分干化或全干化，所有测定的排气参数远低于德国环保部规定的德国大气排放标准。

6.2.6.2　技术特点

带式污泥干化技术特点如下：

（1）操作简单安全。装置启动和停机时间短，不需要额外注入惰性气体。

（2）连续性操作，控制过程简单，已全自动化。整个烘干操作过程全自动控制，既可每天 24 h 连续工作，也可以间隙性连续工作。

(3) 可以毫无问题地穿过污泥“黏糊区域”。不管是污泥烘干过程,还是污泥换带过程,都不会受污泥“黏糊区域”的影响。

(4) 单位处理流量大。在带式污泥烘干装置中,每套设备的最大蒸发水量可达到3900 kg。

(5) 可利用废热进行低温烘干处理。

(6) 出泥含固量可以自由设置。可将市政污泥烘干至含固率在90%以上,但可以根据工艺要求,自由设置出料污泥的含固率。

(7) 装置磨损部件少,运转费用低。烘干带的输送速度很慢,污泥只是铺设在烘干带上,不产生任何机械要求。从目前投入运转的20多套带式烘干装置来看,烘干带的使用寿命都已超过5年以上。

(8) 属于直接干化工艺,烘干气体与水蒸气混合在一起,造成后续尾气处理装置复杂,处理难度较大,处理费用较高。

(9) 利用干空气的吸水能力对脱水污泥进行风干处理,自然风干能力不足时,才额外注入热能,因此能耗较小,但单机模块的处理效率较低,造成设备数量多,占地大。

6.2.7 珍珠干化技术

6.2.7.1 工作原理

珍珠工艺是污泥完全热干化技术,该技术将生物污泥转化为有价值的无菌干颗粒,含固率大于90%,且由此工艺干化后的污泥易于处置、运输和长时间储存。

经机械脱水后的污泥(含固率为20%~30%),通过污泥泵或螺旋输送机输送至涂层机。在涂层机中,再循环的干污泥颗粒与进料的脱水污泥混合,涂覆了湿污泥的颗粒被送到污泥硬颗粒造粒机。污泥硬颗粒造粒机是间接、立式多级圆盘干化机。有中空的圆盘排列在圆柱形的壳中。圆盘由闭式热油循环系统加热。涂敷后的污泥颗粒被倒入造粒机上部的锥形分配器中,均匀地散在顶层圆盘上。污泥颗粒由与中心转轴相连的臂耙在上层圆盘上缓慢运动。颗粒被扫到圆盘的外沿,散落到第二层圆盘上。连续转动的耙臂将污泥颗粒从外沿逐渐扫到中心区域,散落到第三层。就这样,污泥颗粒从上一层圆盘运送到下一层圆盘,避免了粉尘的形成,直到造粒机底层圆盘。污泥干化过程中水分蒸发所需的能量来自于热油流经干化器内中空圆盘的传导热。干化污泥颗粒由造粒机底部捧出再由斗式提升机送入分离漏斗,一部分分离后循环进入涂层机,其余部分经冷却器冷却后进入储料仓。

通过这种处理方法,可提供灵活、安全和对环境无害的污泥干燥工艺,在零排放的工厂中处理各类生物污泥,同时,将运行费用减到最少。此工艺可处理市政污水处理厂污泥,满足市政污泥热处理最为严格的标准。

目前,具有代表性的珍珠烘干设备是吉宝西格斯科技集团的污泥干化设备。西格斯硬颗粒造粒机将具有潜在危险的致病污泥转化为有机肥料或绿色燃料以便资源化利用。

珍珠干化工艺的应用实例有:南美洲第一座市政污泥热处理厂,巴西圣保罗,1×6000 kg/h;西班牙巴塞罗那,4条硬颗粒生产线是联合发电项目的组成部分,干颗粒供资源化利用。

6.2.7.2 工艺特点

珍珠干化技术的工艺特点如下:

(1) 颗粒容重大(700~900 kg/m^3),储存和运输费用低;

(2) 颗粒硬度高,处理非常方便;

(3) 粉尘相对较少。

6.2.8 组合式两级干化技术

6.2.8.1 工作原理

组合式两级干化工艺采用两级干燥,分别利用第一阶段的间接干燥和第二阶段的直接干燥技术。第一阶段的部分剩余能量回收后用于第二阶段的加热,该系统是组合式两级干化专利技术不可分割的一部分。

组合式两级干化工艺在第一阶段的干燥过程中提供最高的能量传输,在黏性阶段进行成品污泥的成形准备。在第二阶段,在低温条件下,接触干燥剂中污泥干度从40% ~50%逐渐达到90%。

第一阶段:薄层蒸发器。

脱水后污泥通常贮存在一个缓冲容器中,采用速度受控的偏心螺杆泵连续地向水平的薄层蒸发器进料。在薄层蒸发器内,污泥干度从20%提高到40% ~50%。该过程没有粉尘形成。另外,整个系统在低温下工作,污泥温度约为85 ~90℃,水蒸气的温度为110℃。

在薄层蒸发器出口,污泥直接落入一个挤压装置,称为切碎机。此时,污泥呈可塑状态并具可延展性。污泥受到挤压并穿过一个有孔的隔栅。该装置使污泥形成直径为6 ~10 mm 的面条状长条,然后被均匀分布在缓慢移动的带式干燥机的上层传送带上。

第二阶段:带式干燥机。

带式干燥机包括一个或几个缓慢移动的带孔钢板传输带,传输带安装在一个完全隔热的保护罩中,且上下平行放置。

切碎机形成的颗粒被均匀分布在带式干燥机的上层传输带上。预成形的污泥在传输带上形成颗粒层,热空气逆向扫过和穿透颗粒层,使其干燥并达到所要求的干度水平。带式干燥机直接将污泥排放至一个带式传输系统,该系统将颗粒污泥自动送至储存容器中。

组合式两级干化工艺的创新性和专利技术体现在蒸发器热量回收系统中。薄层蒸发器产生的热水蒸气被用于重新加热带式干燥机的空气,可节省相当多的能量。

其代表工艺是得利满组合式两级干燥工艺——INNODRY 2E 工艺。该技术结合了直接和间接干燥机的特点:能量回收,以降低运营费用;在可塑性阶段污泥制膜成颗粒,避免产生粉尘;低温(低于110℃)下运行,保证装置安全。

得利满开发的INNODRY 2E 工艺为污泥干燥提供了一套最优化解决方案。可靠、安全和灵活是该工艺的三个主要特点。此外,把第一阶段回收的热能用于第二阶段的专利工艺节省了能量,确保了最优化的操作费用。

INNODRY 2E 工艺的部分业绩有:

(1) 爱尔兰科克项目:

处理能力(按 DS 计):29 t/d;

干燥机数量:2 套;

污泥干度:进泥为23% DS,出泥为65% DS;

开始运营时间:2004 年;

装机容量(按 H_2O 计):3400 kg/h。

(2) 波兰华沙项目：

处理能力(按 DS 计)：28 t/d；

干燥机数量：2 套；

污泥干度：进泥为 23% DS，出泥为 85% DS；

开始运营时间：2005 年；

装机容量(按 H_2O 计)：3705 kg/h。

6.2.8.2　工艺特点

组合式两级干化技术的工艺特点如下：

(1) 设计简单，坚固耐用；

(2) 无尘处理工艺，其采用创新的两级干燥工艺(一级处理，干度达到 40% ~50%，二级处理，干度达到 65% ~90%)，使得污泥在第一阶段具有可塑性时形成颗粒，然后在第二阶段进行进一步的干燥处理；

(3) 低温操作、不含粉尘以及封闭的环境都是对安全的保证。该工艺防止了颗粒污泥自燃和爆炸的危险；

(4) 优化热量用途。其他类型的干燥机，每 1 t 水蒸发能耗为 1100 kW · h，而 INNODRY 2E 的专利能量回收系统更加经济，每 1 t 水蒸发能耗仅为 650 ~750 kW · h；

(5) 不同干度的干燥污泥。通过调整第二阶段的运行，INNODRY 2E 工艺可产生不同的颗粒污泥，干燥度范围为 65% ~90%；

(6) 根据污泥最终用途的不同，污泥颗粒的尺寸可在 1 ~10 mm 的范围内调整；

(7) 两套设备在设计、安装、运行、维护方面比较麻烦。

6.2.9　转盘式干化技术

6.2.9.1　工作原理

转盘式干燥机主体由一个圆筒形的外壳和一组中心贯穿的转盘组成。转盘组是中空的，热水蒸气从这里流过，把热量通过转盘间接传输给污泥。污泥在转盘与外壳之间流过，接受转盘传递的热，蒸发水分。污泥水分形成的水蒸气聚集在转盘上方的穹顶里，被少量的通风带出干燥机。

转盘有两个作用：一是给污泥提供足够大的换热面积；二是由于转盘缓慢转动，它上面的小瓣片推动污泥向指定的方向流动并起到很好的搅拌作用。

卧轴式薄形转盘利用每个转盘的双面传热，可以在小空间里提供很大的换热面积，这是转盘式干燥机体型小巧的原因。转盘的转动很缓慢，转速约为 9 ~10 r/min，因此磨损很小。转盘盘面与轴是垂直的，所以它本身的转动不影响污泥的流向，但转盘边缘有一些小瓣片，这些小瓣片有一定的倾角，既帮助污泥定向流动，又起到搅拌的作用。

转盘式干燥机的外壳是不动的，它容纳污泥和污泥蒸发产生的水蒸气。外壳内壁有固定的刮刀，刮刀很长，伸到转盘之间的空隙，防止有大块污泥固结在盘片上。与转盘上的瓣片类似，固定刮刀也起到搅拌的作用。

半干化污泥可以直接焚烧，也可以与生活垃圾或者煤等物质混合焚烧，半干化污泥用作肥料农用或绿化，也可以成为污泥好氧堆肥工艺的预处理。

阿特拉斯 – 斯道特(Atlas-Stord)公司制造的 RotaDisc 转盘式半干化干燥机和比利时

Waterleau 公司的 HydroGone ®水平转盘式干化机是具有代表性的转盘式干燥机，已有多年的历史。至今天，RotaDisc 转盘式干燥机已生产了 1000 多台，用于污泥干化的有 140 多个项目 200 多台，其中既有应用半干化工艺的，也有应用全干化工艺的。

第一个（污泥半干化工艺）应用实例：丹麦 Lyneetten 污泥处理厂。

干化工艺：半干化；污水处理能力：150 万人口当量；

污泥处理量（按干物质计）：76 t/d；干燥机型号：3—RCD2064；

尺寸：14.3 m×2.6 m×3.2 m；

单机运输重量：51 t，单机功率：110 kW；最大水蒸气压力：12.5×10^5 Pa；

单机进泥量（含固率为 20%）：8460 kg/h；

单机出泥量（含固率为 45%）：3760 kg/h；

水蒸气用量（10×10^5 Pa，180℃）：180 m^3/h。

第二个应用实例：荷兰 SNB 污泥干燥－焚烧站。

在荷兰，60 多个污泥厂脱水后的污泥都被送到荷兰的 SNB 污泥干燥焚烧站处理。这是目前世界上最大的污泥处理站，机械脱水后的污泥先被送到 8 个转盘式干燥机烘干至干物质含量为 42%，然后再送入 4 个流化床焚烧炉内焚烧。烟气通过废热锅炉产生水蒸气，最后是烟气处理。整个污泥干化焚烧过程的能量自给自足，污泥自行焚烧，不需另加燃料。在尾气处理过程中产生的水蒸气，满足了半干化干燥机所需热能。

6.2.9.2　工艺特点

转盘式干化技术工艺特点如下：

（1）运行时有超低的氧含量，较低的温度和低粉尘量，以保证安全；

（2）RotaDisc 转盘式干燥机传热面积大，但布置紧凑，外形尺寸很小，辅助设备简单，规模小，相应的运行费用较低；

（3）干燥器内部污泥为湿污泥，容易黏结在转盘上，造成不便；

（4）盘上的污泥在停车时会过热。

6.2.10　桨叶式蒸汽干化技术

6.2.10.1　工作原理

桨叶式干燥器是在设备内部各回转轴上，按照一定的间隔，交互地密集地布置大量楔形加热体（桨叶）搅拌桨，使湿物料在桨叶的挑动下，与热载体以及热表面充分接触，污泥通过与中空楔形回转过热体的直接接触而得到干燥。其中，桨叶占用了大部分的传热面积，因此，容器的单位体积的传热面积相当大，相对于处理能力而言，该装置小而紧凑。通过回转桨叶斜面与污泥层的相互运动，易附着于加热面上的微细粉末可被自动清扫，保证持续有效地传热作用，便于调节污泥的温度和处理时间。在日本，桨叶式干燥器不仅应用于污泥干燥，也广泛地用于各种流体的干燥。

加热过程中蒸发的水蒸气和微量气体一起流经过热搅拌层上部而排出干燥机。排出的水蒸气和微量气体送到除湿塔，使蒸发的水蒸气得到凝结。凝结水送到污水处理场。除湿后的气体通过风机循环回干燥机，部分除湿后的气体送往焚烧炉进行燃烧。

桨叶式干燥机分为热风式和传导式。热风式即通过热载体（如热空气）与被干燥的污泥相互接触并进行干燥；在传导式中，热载体并不与被干燥的污泥直接接触，而是热表面与污泥相互接触。传导式的优点是物料不易被污染,排气量小,热效率高,体积相对小,有利于节约能源及防止空气污染。

6.2.10.2 工艺特点

桨叶式蒸汽干化技术工艺特点如下:

(1) 运行时有超低的氧含量,较低的温度和低粉尘量,安全;

(2) 桨叶的传热面积大,布置很紧凑,外形尺寸很小,辅助设备简单,规模小,相应的运行费用较低;

(3) 干燥器内部污泥为湿污泥,容易黏结在桨叶上,造成不便;

(4) 桨叶上的污泥在停车时会过热。

6.2.11 喷雾干化技术

6.2.11.1 工作原理

喷雾式干燥器是将污泥通过喷雾成雾状细滴分散于热气流中,使水分迅速气化而达干燥的污泥干化装置。该装置所采用的雾化器通常是一个高压力的喷头或高速离心转盘(或转筒),雾化的液滴从塔顶喷下,而高温热气流或从塔顶与雾化液滴并流而下,或从塔底往上逆流,经气-液数秒钟的接触传热,水分气化,干污泥产品从塔底引出,尾气则经旋风分离器分离后,或回用热能,或直接送出作脱臭处理。

6.2.11.2 工艺特点

喷雾干化技术工艺特点如下:

(1) 干燥速度十分迅速;

(2) 干燥过程中液滴的温度不高;

(3) 干燥后的污泥具有良好的分散性和流动性;

(4) 生产过程简化,操作控制方便;

(5) 干燥过程在密闭的干燥塔内进行,避免了干燥产品在车间里飞扬。对于含有毒气和有臭味物料,可采用封闭循环系统的生产流程,将毒气和臭气烧毁,防止大气污染,改善生产环境;

(6) 适宜于连续化大规模生产。

6.2.12 热干燥技术

2003 年 8 月,盛泽镇政府与浙江朗地公司联合投资 1000 万元,建成了盛泽镇水处理发展有限公司污泥处理厂,并于 2004 年 2 月正式投入运行。这个污泥处理厂采用浙江大学环境与生物地球研究所翁焕新教授发明的专利技术,将干燥后的污泥制成颗粒产品,分别利用到制砖和燃煤行业。这样处置污泥,不仅节约了大量土地资源,减少了二次污染,还大大降低了污泥处理费用。

江阴污泥处理工程主要采用将污水处理中产生的污泥烧制成轻质节能砖的技术及发展型技术,不仅成本低,而且在国内同类技术中属前列。康顺污泥处理工程所利用的是该技术的第三代改良技术,利用热电厂的烟气对污水处理厂的污泥进行干化并资源化利用。该技术最大的优点是充分利用了热电厂的废气资源,将污泥干化中的能源成本大大降低,回避污泥直接与煤掺烧产生的大量煤耗,从而降低了污泥处置的整体成本,而且利用这项国家发明专利及相关技术来处置污泥,可以大大保持污泥的热值,污泥成品可以作为热电厂的辅助燃料,这样可以降低热电厂的能源费。采用该技术,每吨污泥的处置成本不到20元,而且为热电厂每年节约几百万元的能源费,可以说是一举两得。在经过大量试验和实际应用后,该项工程于2009年4月底竣工,日处理量在200 t左右。

6.3　污泥单独焚烧应用实例

上海市桃浦污水处理厂目前处理水量约$5.6\times10^4\ m^3/d$,每天约产生20~30 t脱水污泥,其含水率为80%左右。脱水后的污泥输送至焚烧炉进行直接焚烧。

原污泥焚烧及烟气处理系统为芬兰Tampella Power公司设计制造,设计处理能力为含水率为80%的湿污泥45 t/d。浙江大学对污泥焚烧锅炉进行改造设计,完成改造后,由最初以轻油点火重油燃烧焚烧污泥改为煤泥混合焚烧污泥,由含水率为80%的脱水污泥与煤以3∶1的比例混合进行焚烧。经改造,系统存在的部分问题得到改善,目前,系统运行仍存在稳定性和经济性等问题,亟待改进。

因直接焚烧导致的一些问题,2009年,该项目再次进行改造。本次改造的核心是增加干化设备。

经过各方面研究,本工程拟采用污泥干化加焚烧的处理工艺,干化考虑采用间接加热工艺,选用桨叶式干燥机作为干化设备,换热介质为导热油,焚烧炉焚烧产生的高温烟气为热源。基本流程为:污泥焚烧所产生的高温烟气通过余热锅炉,将导热油间接加热,被加热的导热油经循环油泵送往桨叶式干燥机,干化脱水污泥。冷却后的导热油再回流至余热锅炉内重新加热,循环使用。脱水污泥进桨叶式干燥机,从含水约80%的湿污泥干化到含水率约30%的半干污泥后,进入干污泥调节仓,根据工况要求由输送机再送至流化床焚烧炉焚烧。

目前项目已经改造完毕。

6.4　污泥干化焚烧应用实例

本节重点介绍国内第一个城市污水处理厂污泥干化焚烧项目:上海石洞口污泥干化焚烧项目。目前,因处理规模等多种原因,石洞口污泥处理工程正在着手进行二期扩建改造。下面就2004年建成运行的一期工程为例,较为全面地进行介绍。

上海市石洞口城市污水处理厂一期工程每天产生含水率为70%的污泥量为213 t/d,一期工程采用污泥干化+焚烧处理工艺,并利用污泥本身热量对污泥进行干化。

污泥在低温(约85℃)下被干化至含水率约10%,然后进入流化床污泥焚烧炉,在850℃以上进行焚烧。干化后的污泥具有约14880 kJ/kg的热值,回收此能量,用于加热导热油,使之成为污泥干化所需热源。正常运行时不必加辅助燃料就能保持热量平衡,多余的热量尚可对外供热。

上海市石洞口城市污水处理厂一期工程总处理水量$40\times10^4\ m^3/d$,污水经处理后产生的剩余活性污泥经浓缩后,其排放量为10667 m^3/d(污泥含水率为99.4%),浓缩后的污泥,由压滤机脱水,成为含水率为70%左右的脱水污泥,约213 t/d。表6-1所示为污泥量的体积参数。

表 6-1 污泥量的体积参数

阶 段	含水率/%	污泥量/t · d^{-1}	备 注
脱水污泥	70	213	实际运行含水率达不到该值
干化污泥	10	71	

被处理的脱水污泥为一体化生物反应池产生的活性污泥。

一般城市污水处理厂的活性污泥，干基污泥状态的有机物含量最高可达 80%。污泥中有机物成分复杂，含有大量的蛋白质、氨基酸、脂肪、维生素、矿物油、洗涤剂、腐殖质、细菌及代谢产物，各种含氮、含硫物质，挥发性异臭物、寄生虫和致病微生物等。挥发性异臭物主要为有机硫和有机氮等物质。

活性污泥脱水后成为含水率为 70% 的脱水污泥，其状为软性固体，褐块、异臭味重，相对密度约为 1.01。不同种类的污泥具有不同的组分及热值，一般，城市污水处理厂未经消化的新鲜脱水污泥，根据污泥焚烧特性试验，污泥（干基）在物理性质、元素分析和工业分析等方面与褐煤有许多相似之处，固定碳的含量则较低，干基污泥的低位发热量约为 14630 kJ/kg（3500kcal/kg），并且污泥中含有一定量的重金属，详见表 6-2。

表 6-2 污泥中重金属含量 μg/g

重 金 属	汞	镉	铅
上海石化污泥	3.55	2.80	3.15
北京高碑店污泥	8.06	3.34	27.66

通过分析和比较，本工艺采用的污泥干固体低位发热量 14880 kJ/kg 是可靠的。故本工艺的所有计算及设计参数按表 6-3 和表 6-4 参照进行。

表 6-3 污泥特性

项 目	干 基 灰 分	干基可燃分	干固体热值
参数/%	34.37	65.63	14859 kJ/kg

表 6-4 污泥元素组成

元 素	C	H	O	N	S
含量 w/%	53.3	6.8	30.3	6.0	1.5

从污水处理厂污泥脱水机上下来的脱水污泥含水率约在 70%，污泥干化 + 焚烧处理的工艺过程为：从脱水机上排出的脱水污泥经过干燥机干化，将水分从 70% 降低到 10% 后进入焚烧炉焚烧。污泥焚烧产生的热量通过余热锅炉加热导热油，并作为污泥干燥机的加热介质用于加热及干化脱水污泥。导热油通过污泥干燥机内的热交换器将热量传递给污泥，并被冷却，然后送回余热锅炉内加热循环利用。污泥焚烧产生的高温烟气经过导热油余热锅炉冷却后再经过烟气净化装置和烟囱排入大气。

污泥干化 + 焚烧处理典型的工艺流程如图 6-2 所示。

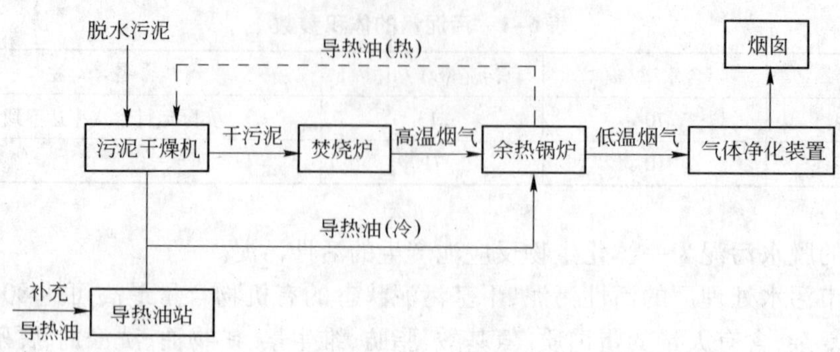

图 6-2　污泥干化 + 焚烧处理典型工艺流程

6.4.1　干化处理的特点

为防止干化污泥的粉尘产生的爆炸及保证系统的安全性和可靠性，采用了密闭的循环系统和氧含量小于8%（一般为1% ~3%）的循环气体以及导热油作为热媒介质。

干化采用不会产生反应水汽的临界温度（85℃）作为操作温度。此干化温度与自燃温度（130 ~135℃）有较大的温差，可以安全操作。

污泥分解度较小，因此，在干化过程的气相中含有较少量的可挥发物质。

6.4.2　污泥焚烧采用的烟气排放标准

目前，国内城市污水处理产生的污泥采用焚烧方式处理，尚未见有单独制定的烟气排放标准，大多套用焚烧生活垃圾的排放标准。在日本，相当数量的污泥和垃圾一起混烧。在台湾地区颁布的废弃物焚烧炉空气污染物排放标准中，污泥作为事业性垃圾，明确按垃圾焚烧烟气排放标准。我国目前尚无污泥焚烧烟气排放的专门标准，故本工艺采用 GB 18485—2001《生活垃圾焚烧污染控制标准》的废气排放标准。

6.4.3　工艺流程说明

6.4.3.1　脱水污泥处理

石洞口污水处理装置将机械脱水后的 213 t/d、含水率为 70% 的脱水污泥输送至储存仓，然后由污泥泵输送至污泥干燥机和螺旋混合器。

储存仓中设有料位探头，当储存仓的料位为低位时，干化装置自动停车；当储存仓的料位为高位时，自动报警，表示可以正常开车。料仓底部设有往复运动的耙齿以防污泥架桥，耙齿通过液压系统不停地往复运动，将脱水污泥刮到料仓底部 5 台污泥泵的其中 4 台中，并压送至污泥干燥机中进行干燥。

6.4.3.2　干化过程

整个污泥干化过程在污泥干燥机中进行，并且污泥干燥机是在一个密封循环的惰性气体回路中，所有的污泥传递设备的各个界面均为密封，整个回路在操作时保持惰性气氛及负压操作。

污泥干燥机内的物料为干物料（95% 干料），惰性气体由下往上穿过流化床，并且使床内物料产生流态化。通过激烈的流态化，使污泥在整个床层内均布干燥。

通过调节控制进入污泥干燥机的脱水污泥量,控制床层温度为85℃。污泥干燥机顶部气体、脱水污泥蒸发出来的水汽及惰性气体从污泥干燥机顶部管道排出。

污泥干燥机蒸发出的水汽,将在循环回路之中先除尘后经冷凝换热器洗涤及冷凝,然后经汽水分离器排出水分,循环惰性气体由风机重新送回到污泥干燥机。

6.4.3.3　*污泥焚烧处理工艺和污泥热源工艺*

需焚烧的干污泥被送入流化床焚烧炉,干污泥被砂层托起翻浪并被迅速加热焚烧,焚烧后的灰大部分被烟气携带走,只有一小部分从炉底排渣口排出(由炉压控制),所产生的850℃烟气排出并进入烟气净化区。与此同时,导热油由220℃被加热至250℃,空气由20℃被加热至140℃并送入焚烧炉。

该流化床焚烧炉还设计成既可烧干污泥,同时又可烧煤的形式,在出现无干污泥焚烧的情况下,由燃煤提供加热导热油所需的热量。

6.4.3.4　*烟气净化处理工艺*

烟气净化系统由酸性气体的脱除和颗粒物捕集两大部分组成。本工程设计中,无论来自燃煤热源系统或污泥焚烧系统产生的烟气,都经过烟道系统进入此烟气净化系统。在净化区内,烟气中有害物质得到有效的去除,达到国家规定的标准后排入大气。

烟气净化采用半干法,即在烟气中喷入一定量的石灰浆,使之与烟气中酸性物质反应,并控制水分使达到"喷雾干燥"的反应过程。脱酸反应生成物基本上为干固态,不会出现废水排放。烟气中颗粒物捕集采用布袋除尘器,在进入布袋除尘器前,还可以向烟气中喷入一定量的活性炭粉粒,吸附烟气中重金属和二恶英等有害物质,而后,在布袋除尘器中被有效捕集去除。

烟气净化装置包括半干法喷淋塔和布袋除尘器及喷活性炭装置预留组合系统。整个污泥处理系统只配置一套完整的烟气净化装置、石灰浆供应装置、冷却水设备供应系统及飞灰输送、贮存系统。

干燥系统的设计是对来自生活污水处理厂的机械脱水后的污泥进行干燥处理。脱水的污泥直接在流化床进行干燥,而无需用干污泥对脱水污泥(加返料)在造粒机中进行预处理。这种直接加污泥的系统实际上就是一台自动运行的污泥干燥机。

这套工艺适用于来自压滤机经机械脱水后可用泵抽取的污泥。产生的干燥颗粒可以作填埋处理或进一步处理,譬如,作为发电厂、水泥工业或垃圾焚烧炉的辅助燃料。这种颗粒易于装运或中间存放在任何地区。

工厂设计如下:

(1) 每周7天,每天24 h运行(8000 h/a);

(2) 水蒸发量为5980 kg/h;

(3) 30%的干物质,污泥干燥量为8875 kg/h;

(4) 至少90%的干物质,干燥污泥的产出量至少为2879 kg/h。

污泥处理厂机械脱水的污泥从用户送至污泥计量储存仓(150 m^3),用5台污泥泵从该储存仓运送污泥至流化床污泥干燥机及螺旋混合器。其中4台泵将脱水污泥送至流化床污泥干燥机中的给料分配器;另一台则将污泥送至污泥/粉尘的螺旋混合器或直接送至给料分配器。

流化床污泥干燥机从底部到顶部基本上由三部分组成:

(1) 风箱,设在干燥机的最下面,用于将循环气体分送到流化床装置的不同区域,其底部装有一块特殊的气体分布板,用来分送惰性流化气体。该板具有设计坚固的优点,其压降可以调节,这对把适量的气流导向整个干燥机是十分重要的。

(2) 中间段,该段装有热交换器,组成热交换器组,这些热交换器将导热油的热量传递给污泥,进行干燥并最终形成干的颗粒(在流态化状态下,污泥分布在热交换器周围)。

(3) 抽吸罩,用来使流化的干颗粒脱离循环气体,而循环气体带着污泥细粒和蒸发的水分离开干燥机。

泵通过加料口把污泥打进干燥机进料口,这些污泥被装在每个加料口的破碎装置打碎。

在干燥机内,产生的污泥颗粒被循环气体流化并产生激烈的混合。

流态化床层的特性是保证了连续一致的温度和干燥特性。由于流化床内依靠其自身的热容量,滞留时间长,产品数量大,因此,即使供料的质量或水分有些波动,也能确保干燥均匀。用循环的气体流将污泥细粒和灰尘带出流化层,这样,无尘的污泥颗粒采用旋转气锁阀通过正常排放离开干燥机。

采用旋风分离器使灰尘和污泥细粒与流化气体分离。螺旋输送机把灰尘从灰仓输送到螺旋混合器。在那里,灰尘与脱水污泥进行混合,并通过螺旋输送机再被送回到流化床干燥机。

干燥机系统和冷却器系统的流化气体均保持一个封闭式防尘气体回路。

起流化作用的循环气体将污泥细粒和蒸发的水分带离流化床干燥机。污泥细粒在旋风分离器内进行分离,而蒸发的水分在一个冷凝换热器内采用直接逆流喷水方式进行冷凝。

蒸发的水分本身,以及其他循环气体从85℃左右的温度水平冷却到60℃左右,然后冷凝,冷凝下来的水离开循环气体,回流作污水处理。

来自冷凝器的气体中含有微小水珠,在1台汽水分离器内进行分离。通过2台风机将干净而冷却的流化气体再循环到干燥机。其中1台风机具有变速驱动装置(通过变频器),可以适当调节循环气体流量。

流化床冷却器回路内的循环以同样的方式进行处理,但无旋风分离器,因为无污泥细粒。此外,冷却器气体回路中的冷却洗涤器用污水处理厂的回用水来冷凝气体。汽水分离器之后的回路气体只要用1台小型风机进行压缩,然后,供应给流化床冷却器。干化污泥由冷却回路气体冷却到低于40℃。

冷却回路中的氧含量由1台氧分析仪连续测量。通过连续补充焚烧系统的烟道气,使冷却气体保持低氧环境。

干燥所必需的能量有两种热媒介质可选择,一种是蒸汽,另一种是导热油。目前,国际上先进的干燥技术都采用导热油为热媒介质,下面以本工程为实例,当采用流化床干燥机来干燥污泥时,对热媒介质作一比较(如表6-5所示)。

表6-5　导热油和蒸汽热媒比较

序号	比较项目	导热油	蒸汽(1.27 MPa,192℃)
1	流化床面积/m²	7	10.6
2	干燥机设备价格		较导热油约增加30%

续表 6-5

序 号	比 较 项 目	导 热 油	蒸汽(1.27 MPa,192℃)
3	干燥系统(包括冷却器、输送机械等辅助设备)的投资		较导热油约增加 23%
4	热媒介质年运行费	导热油使用寿命 5 年,一次使用量约为 2 t,计 1920 元/年	蒸汽损失按 3% 计算,年运行费约 21600 元/年
5	电能消耗		较导热油约增加 185 kW
6	厂房面积	小	大

注:上述比较仅考虑自产蒸汽,若蒸汽外购价格优越则另当别论。

根据上述比较,本工程设计采用导热油作为热媒介质。

流化床所需的全部热量供应系统包括以下设备:

(1) 由储油槽、循环泵、膨胀槽及控制设备组成的油循环系统;

(2) 流化床焚烧炉提供干燥所需的热量;

(3) 热油循环系统的旁路阀。

用导热油温度水平来调整流化床的蒸发能力。流化床设计蒸发能力为 5980kg/h,热油温度为 250℃/220℃。

为防止导热油过热,当干燥系统停车时,用热设备应立刻与导热油回路分离(开启旁路系统),即没有热量消耗在干燥系统中。

干燥颗粒在流化床冷却器冷却后通过输送机(斗式提升机和螺旋输送机)输送到一个净容积为 200 m^3 左右的干污泥料仓内进行储存,然后输送到焚烧炉或作为产品外运销售。

此外,干燥颗粒的容器(储存仓)也与一个惰性气体通风系统相连接。

干燥机开车时,约需要大约 20 m^3 的干污泥颗粒储存于启动仓,并由螺旋输送机送至流化床干燥机。

85℃的低温操作极大地增加了流化床干燥系统的安全性,该温度大大低于污泥的自燃温度即 130℃。

由于不凝性气体进入干燥机,必须将干燥机回路的过量气体抽出干燥回路,以便在气体回路内部保持恒定的压力。

采用此干燥工艺有如下优点:

(1) 封闭式全密封气体回路操作,氧体积分数低(小于 3%),在燃点以下,故十分安全。

(2) 干燥装置完全自动化运行。每条线只要每天一班由 1 个熟练工人来监督并控制。在其他运行时间,干燥设备不需人员监督。

(3) 可利用率高。在荷兰 Beverwijk 的污泥干燥工厂,有两条成功运行的生产线,每条蒸发容量为 6000 kg/h,年可利用率达 8000 h。

(4) 高灵活性。所设计的污泥干燥设备具有水蒸发范围灵活的特点。对于实际装置运行,从经济角度看,推荐蒸发量在 50% ~100% 之间。

(5) 流化床干燥机本身无动部件,故无需维修。流化床干燥机的特点是使用寿命非常长。目前仍在运行的时间最长的脱水污泥干燥机,已运行 15 年左右,从未更换过主要部件,如热交换器、气体分布板等。

(6) 包括气体回路系统在内的整个流化床干燥机均由标准设备(风机、气锁阀)构成。这种构想使其维修保养费用低且可利用率高。

(7) 这种封闭式密封气体回路系统通过包含在污泥中的气体和蒸发的水分,本身可自行处于惰性状态。氧含量在正常操作情况下为1% ~3%。

(8) 热量输入采取间接方式,即通过流化床内的热交换器进行,产品和能量传输介质是不接触的。

(9) 干燥机中的污泥颗粒在任何运行状态下,并且在紧急情况下都有一个安全的温度(85℃)和湿度。

(10) 流化床干燥机保证流化床的每一点在每一时间,温度始终保持在85℃左右,所以自动氧化和污泥颗粒燃烧的危险性是非常小的。同时,干燥机内的露点小于100℃,避免系统中的蒸汽状态。

(11) 干颗粒几乎是无灰尘和无细粉的,因为,流化床也起到了一个筛分器的作用。

(12) 流化循环气体在冷凝换热器内进行冷却。在装置停车时用这种冷却效应来对整个干燥装置的冷却进行控制。

(13) 直接加料系统无需混合造粒装置,因此,可以避免如其他系统中所需的调节干-湿比例的情况。

(14) 干燥和冷却分开使得干燥控制更加方便快捷,并使干燥污泥更加安全。

本工程设置3台焚烧污泥的流化床锅炉(两用一备),当干化污泥外运时(即不采用焚烧处理)或污泥处置工厂刚开始启动时,流化床锅炉可用燃煤来提供干燥机所需的热量,此时燃料为Ⅱ类烟煤。

石洞口污水处理厂污泥焚烧系统是为213 t/d的污泥(含水率为70%)干燥后(含水率为10%)进行焚烧处理而设计的。设计条件为:

污泥处理量(干污泥):71 t/d;

进焚烧炉污泥含水率:≤10%;

负荷波动范围:60% ~125%;

污泥热值:14880 kJ/kg;

热能利用:加热导热油;

焚烧炉设计运行温度:≥850℃;

炉内烟气有效停留时间:>2 s;

炉内运行压力:负压;

焚烧炉设有炉内脱硫所需的石灰石加料装置;

污泥焚烧特性如下:

单位质量干基的低位发热量:14880 kJ/kg;

可燃基含量 w 分析:C53.3%;H6.8%;O30.3%;N6.0%;S1.5%。

焚烧炉考虑了污泥进行消化处理产生的沼气作为能源的可能性。

流化床污泥焚烧炉主要由炉本体、尾部受热面、床面补燃系统、喷水减温装置、螺旋输送机、排渣阀、燃油启动燃烧室、烟气处理系统和鼓引风机等组成。其中,炉本体由流化床密相区和稀相区构成,在稀相区布置有受热面。流化床污泥焚烧炉采用一定粒度范围的石灰石/

石英砂作为床料，一次风由风室经布风板进入焚烧炉，使炉内的床料处于正常流化状态。污泥和石灰石/石英砂由螺旋给料装置送入炉内，污泥入炉后即与炽热的床料迅速混合，受到充分加热、干燥并完全燃烧。

流化床床温控制在850～900℃之间，污泥呈颗粒状在流化床内燃烧，其所占床料重量比很小。污泥进入流化床内即被大量处于流化状态的高温惰性床料冲散，因此，污泥在流化床内焚烧时不会发生黏结。针对污泥中含有的S及Cl等成分，在污泥中混入一定比例的石灰石并一同加入炉内，石灰石分解后生成的CaO与上述物质反应，实现炉内固硫和固氯，可大大减少SO_2和HCl的生成，并可减轻烟气净化设备的负荷。

循环流化床及鼓泡流化床污泥焚烧炉因其卓越的性能在国外污泥处理行业中得到了广泛的应用。经充分调研及论证，针对石洞口污水处理厂的实际情况，本方案的技术路线确定采用鼓泡流化床焚烧炉，其原因为：(1)对于以导热油为传热介质的流化床焚烧炉，采用循环流化床，由于其炉内风速高、烟气中固体颗粒浓度高，易使导热油受热面磨损、泄漏，造成严重事故；(2)在污泥处理量较少和对热量回收要求不高的场合，由于循环流化床焚烧炉动力消耗较大，性价比较鼓泡流化床焚烧炉差；(3)相对循环流化床焚烧炉而言，鼓泡流化床焚烧炉结构更简单，投资少，维护方便。

干化污泥和石灰石/石英砂按一定比例混合后，由螺旋输送机通过投料口送入焚烧炉内。一次风经布风板送入炉内，为污泥的燃烧提供氧气并保证床料的正常流化。

流化床污泥焚烧炉能较好地适应脱水污泥干化后的组分、水分、热值等在一定范围内的波动，并确保烟气的达标排放。它同时具有处理其他废弃物的灵活性，如污水处理厂产生的栅渣等污物。

焚烧炉能充分适应干化污泥含水率的变化，在处理能力上具有60%～125%的负荷变化范围。

无故障运行时间大于8000 h/a。

焚烧炉设计运行温度不低于850℃。

焚烧炉考虑了污泥的焚烧特性。

焚烧炉能适应每天连续24 h长期连续运行的工作条件。

流化床焚烧炉密相层采用炉底下部送入空气，使砂粒和进料以沸腾状搅拌混合运行的方式。

经脱水及干燥处理的污泥和石灰石/石英砂按一定比例由螺旋给料器从炉本体的密相区加入，污泥中的固定碳主要集中在密相区燃烧，而挥发分大部分在稀相区燃烧。当污泥的热值较低时，可向炉内加入轻柴油等辅助燃料，维持污泥的正常燃烧。燃烧过程中产生的炉渣经排渣阀由炉底排出；随烟气飞离焚烧炉的细灰则由尾部除尘装置分离、捕集。污泥流化床焚烧炉采用分级送风技术，一次风通过密相区底部的布风板送入床内，在保证床料良好流化的同时为污泥和/或辅助燃料的充分燃烧提供足够的空气；适量的加旋二次风布置在流化床稀相区的下部，切向喷入炉内，在稀相区形成旋涡气流，加强了流化床稀相区的扰动，使得气体与气体及气体与固体间混合十分充分，保证了稀相区挥发分的充分燃尽和飞离密相区的细灰的进一步燃烧。加旋二次风对烟气中细灰具有一定的分离作用，可以降低炉膛出口处烟气的含尘浓度，以减轻对尾部受热面的磨损并降低尾部除尘装置的负荷。尾部受热面布置有省煤器、空气预热器。省煤器及空气预热器利用尾部高温烟气的冲刷来回收污泥焚烧所产生的部分热量加热导热油及冷空气。

污泥的焚烧主要在炉膛内进行。考虑密相区内床料的运动十分剧烈，为防止受热面的磨损泄漏，故没有在密相区布置受热面。炉膛的受热面全部布置在烟速较低的稀相区上部，以减少受热面的磨损，确保焚烧炉的安全运行。炉膛用高铝质耐磨耐温材料砌筑，以保证焚烧炉的长期可靠运行。焚烧炉炉膛的密相区断面为长方形，稀相区断面为正方形。焚烧炉的炉墙采用重型炉墙结构，内侧为高铝质耐火砖，外侧为保温砖，可适应焚烧炉的热膨胀要求和焚烧炉内的气氛。布风板采用油冷结构，风帽材料为耐热不锈钢，风帽设计时确保布风均匀、床料不倒灌。在尾部受热面布置有省煤器和空预器，以降低排烟温度，提高热回收率。

流化床焚烧炉的启动及升温是由启动燃烧室实现的。轻柴油在启动燃烧室完全燃烧，产生的高温烟气经风室和布风板进入炉内，流化加热床料，当床料达到污泥的着火温度后，即可投入污泥和石灰石进行焚烧。当密相区床温过低时，辅助燃烧系统利用轻柴油作为燃料，保持床内温度不低于800℃，以确保污泥的稳定燃烧。其中，启动燃烧室和辅助燃烧系统各设置一支油枪。

由于污泥中含有硫，污泥在焚烧时会产生一定量的SO_2。为保证达标排放，在污泥焚烧炉中掺入一定比例的石灰石，使其在焚烧过程中除去部分SO_2。在石洞口污泥焚烧系统中，经过计量的石灰石通过螺旋输送机送至给料系统与污泥混合，然后通过螺旋输送机送至炉膛焚烧。

系统余热回收装置为热油载体锅炉。采用焚烧污泥产生的余热去加热导热油。

该余热锅炉与流化床焚烧炉设计为一个组合体，由油冷布风板、炉内盘管、省煤器和空气预热器组成，锅炉采用强制油循环。导热油经过滤后由循环油泵打入油冷布风板→省煤器→炉内盘管→出口，去干燥污泥。热油加热污泥后被冷却回到热油循环系统循环利用。

当干化污泥外运时（即不采用焚烧处理）或污泥处置工厂刚开始启动时，由干化热源系统提供污泥干化所需的热量。污泥干化热源系统由燃煤系统、流化床锅炉及灰渣系统组成。流化床锅炉（两用一备）既可用来燃煤，也可用来焚烧污泥。

烟气净化系统由酸性气体的脱除和颗粒物捕集两大部分组成。本工艺采用半干法喷淋塔和布袋除尘器组合系统。半干法脱酸是在烟气中喷入一定量的石灰浆，使之与烟气中酸性物质反应，并控制水分使达到“喷雾干燥”的反应过程。脱酸反应生成物基本上为干固态，不会出现废水及污泥。烟气中颗粒物捕集措施采用布袋除尘器。在进入布袋除尘器前，再向烟气中喷入一定量活性炭粉粒，吸附烟气中重金属和二恶英等有害物质，而后，在布袋除尘器中被有效捕集去除。

焚烧烟气自余热锅炉出口进入烟气净化装置，在净化装置内，烟气中有害物质得到有效的去除，达到规定的标准后排入大气。

烟气净化采用半干法喷淋塔和布袋除尘器组合系统。整个污泥处理系统只配置一套烟气净化装置，石灰浆供应装置、冷却水供应系统及飞灰输送、储存系统。无论哪一种运行方式（焚烧污泥或燃煤）产生的烟气，都经过烟道进入此烟气净化系统。

烟气净化处理工艺流程如图6-3所示，表6-6所示为石洞口污泥处理厂公用及物料消耗量。

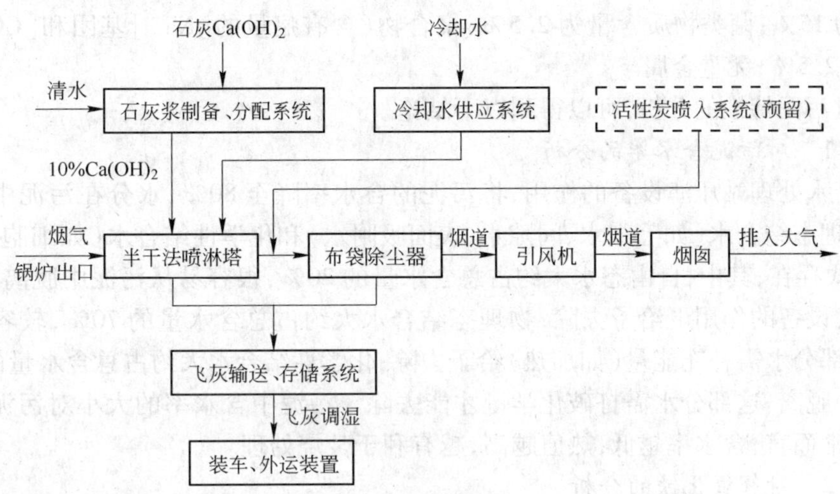

图 6-3 石洞口污泥焚烧烟气处理工艺流程

表 6-6 石洞口污泥处理厂主要物料消耗量

物料名称	每小时消耗量	日消耗量
$Ca(OH)_2$/kg	22.8	574.2
电(动力)/kW·h	210	5040
电伴热/kW	75	
自来水/m^3	1.86	44.62
压缩空气($p=(5\sim7)\times10^2$ Pa)/m^3	180	间隙用

6.5 工业污泥干化焚烧应用实例

城市污泥因产生量巨大,污泥处理问题日益突出,而且难度极大。相对而言,工业污泥产生量较小,可以灵活采用各种先进处理工艺技术。下面介绍典型的化工污泥干化焚烧实例。

6.5.1 项目概况

宁波丽阳化纤有限公司是以丙烯腈为原料生产腈纶纤维的企业,年产量为 5×10^4 t,为满足中国环保要求,对生产过程的工业废水进行处理。目前,该废水处理站已建设完毕,并随同腈纶纤维生产线一并投入运行(投运时间在 2005 年 10 月)。在对工业废水进行处理的同时,将产生一定量的工业污泥,由于该公司内部没有处理工业污泥的设施,故暂时将污泥外运、卫生填埋处置。

工业污泥中含有的特殊种类物质,可能对环境(如土壤、大气等)产生污染,为使工厂的建设全方位达到中国(或地方)环保标准,需对工业污泥进行环保处理。

6.5.2 处理对象和规模

宁波丽阳化纤污泥主要特性有如下几点:日均产生量为 10 t;污泥含水率为 80%;氢氧

化铁含量为15%；菌类物质含量为2.5%；聚合物(含有痕量的[Na^-]基团和[$COONa^-$]基团)含量为2.5%；无重金属。

通过对污泥特性的分析，可以得到以下结论。

6.5.2.1　对污泥含水率的分析

通过废水处理站压滤设备的作用，将污泥的含水率降至80%，水分在污泥中通常以自由态水、物理态结合水(如毛细水、间隙水、表面吸附水)和化学性结合水(如细胞内水、分子水)3种形式存在，其中，自由态水大约占总含水量的20%，很容易从污泥中脱离，这部分水基本在压滤设备的作用下给予去除；物理态结合水大约占总含水量的70%，较容易从污泥中脱离，这部分水需补充能量(如加热)给予去除；化学性结合水大约占总含水量的10%，很难从污泥中脱离，这部分水需打破化学键才能去除。污泥中含水率的大小对污泥的热值影响较大，通常而言，含水率越低，热值越高，越有利于焚烧处理。

6.5.2.2　对氢氧化铁的分析

工业污泥中的氢氧化铁含量较高，其在焚烧过程中，受焚烧温度的影响，分别存在不同的化学转换形式，最终焚烧产物也不尽相同，但最终产物的主要成分为氧化铁，作为炉渣排出。

6.5.2.3　对菌类物质的分析

因废水处理站采用了生化二级处理工艺，通过微生物菌群的作用，使废水中的有机物(通常用BOD作为衡量指标)得以降低，微生物菌群的生存能力和繁殖能力(通常用泥龄作为衡量指标)相当强，为确保最佳的废水处理效果，必须不断从系统中将不具活力或死亡的微生物菌群排出。本项目的工业污泥中含有菌类物质，菌类物质为有机物，通过焚烧可完全分解并去除。

6.5.2.4　对聚合物的分析

工业污泥中的聚合物可能来自于废水中，这部分聚合物很难被微生物菌群处理，通常以微粒形式存在，通过沉淀的方法从废水中脱离，并成为工艺污泥的一部分。聚合物为有机物，通过焚烧可完全分解并去除。

6.5.3　工艺流程

本工程采用干化加焚烧的处理工艺。80%含水率的工业污泥进入干燥机，将含水率降低后进入焚烧炉焚烧，焚烧产生的高温烟气与某种介质换热，被换热的介质用于干燥工业污泥，烟气温度得以降低，经净化后排放。工艺流程的描述如图6-4所示。

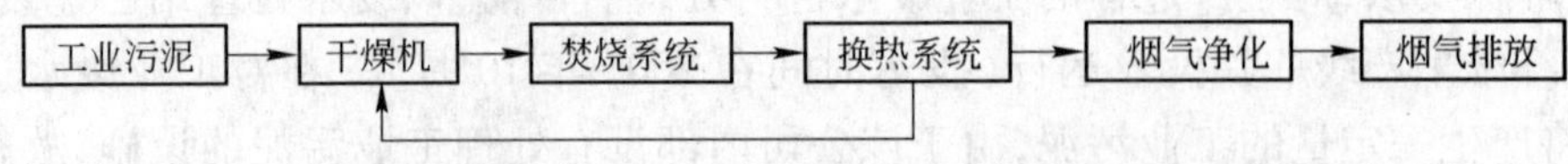

图6-4　宁波丽阳化纤有限公司污泥处理工艺流程

在本工程中，工厂的铲车将废水处理站产生的工业污泥(含水率为80%)送至污泥储仓中，并通过污泥储仓下部的污泥泵送入干燥机。选用的干燥设备为桨叶式干燥机，在干燥机中，工业污泥与加热介质(来自导热油换热器的高温导热油)间接换热，通过导热油的热量传递，使工业污泥的水分得以蒸发，从而达到污泥干燥的目的。

干燥污泥经输送机送入回转窑,在回转窑中,干燥污泥依次经历干燥、燃烧和燃尽三个阶段,干燥污泥的物理、化学性质均得到彻底改变,不可焚烧的物质作为炉渣从回转窑尾部排出,可焚烧的物质转换成气体形态,形成烟气,进入二燃室继续焚烧,焚烧产生的高温烟气进入后续的导热油换热器中。

干燥污泥的焚烧,要求必须有足够的助燃氧气供应,本工程设一套空气供给系统,其流程为:鼓风机将空气按比例分别进入回转窑和二燃室。

二燃室出口的高温烟气先后进入导热油换热器和急冷塔进行降温处理。在导热油换热器中,导热油(工业污泥干燥介质)在被加热的同时烟气温度降低;在急冷塔中,温度从500℃以上快速降至200℃以下,降低二恶英类物质的再生成。

焚烧产生的炉渣从回转窑尾部排出,通过水封排渣机后运至厂外;在烟气降温处理、烟气净化处理过程中,各设备均有飞灰排出,通过特制布袋接收后运至厂外。系统排出的灰渣由有资质的单位进行最终处置。

具体工艺流程图如图 6-5 所示。

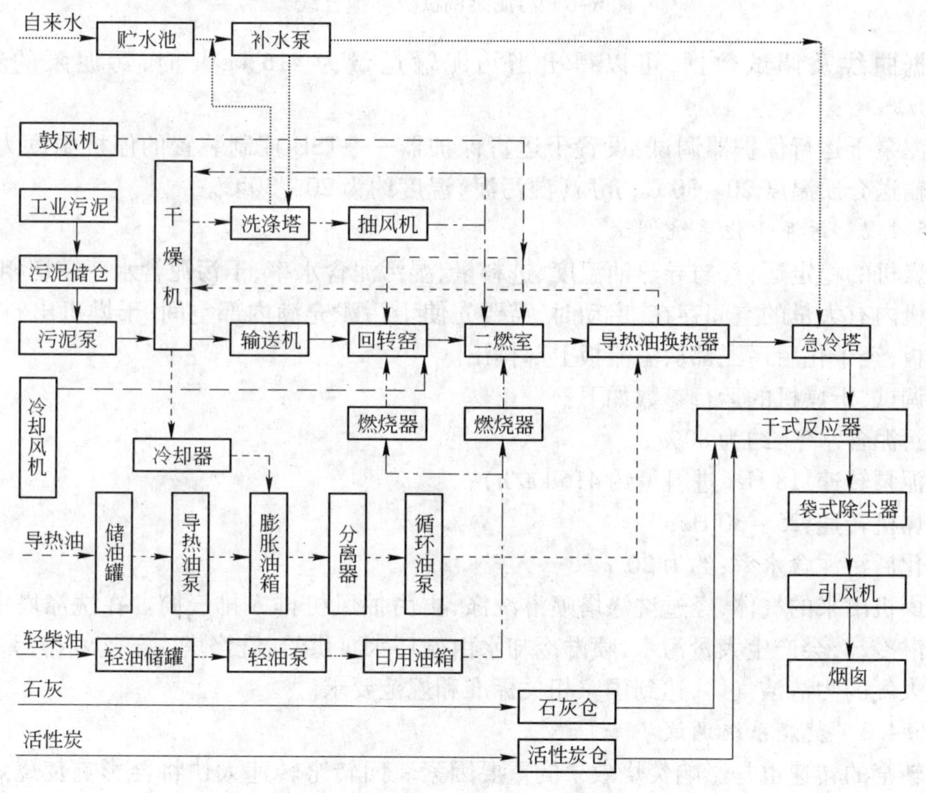

图 6-5 污泥干化焚烧工艺流程

——— 污泥、烟气、石灰、活性炭; — — — 空气; - - - - - 导热油;
—·—·— 不凝性气体; —··—··— 轻柴油; ········ 水

6.5.4 项目调试

该项目于 2006 年 8 月进行项目调试,调试内容包括干化焚烧各个系统。

6.5.4.1　污泥泵调试

根据调试数据，拟合出污泥泵频率与污泥输送量之间的关系式，如下：

$$污泥输送量(kg/h)=23.661\times污泥泵频率(Hz)-15.762$$

调试数据及拟合曲线，如图6-6所示。

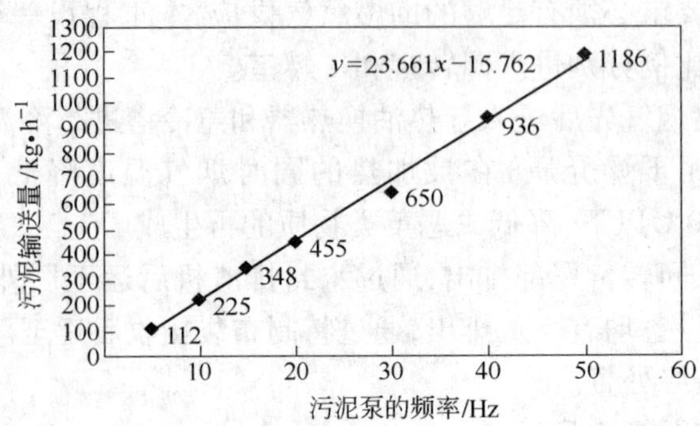

图6-6　污泥泵调试数据拟合线

根据曲线及调试数据，可以得出当污泥输送量为416 kg/h时，污泥泵的频率为18.24 Hz。

污泥泵干运行保护器调试：设置干运行保护器——TSE控制装置的停机温度为50℃，即高于输送介质温度20～30℃，介质（湿污泥）温度约为20～30℃。

6.5.4.2　污泥干化系统调试

干燥机的稳定运行，与导热油温度、进料量、湿污泥含水率、干污泥含水率密切相关。由于干燥机内有大量的空间存在，启动时，需要先使干污泥充满内部空间，干燥机出料口布置有溢流板，经干化后污泥都从溢流板上部排出。

经调试，干燥机的运行参数如下：

湿污泥含水率：约为80%；

污泥泵转速：18 Hz（进料量约416 kg/h）；

干燥机转速：25～30 Hz；

干化后污泥含水率：约为20%。

干燥机出来的气体，经过洗涤塔喷淋洗涤，再由抽风机排入排气筒。在洗涤塔中，气体经过喷淋冷却，会产生大量污水，喷淋冷却水由循环水泵供给，洗涤塔底部连续排污，可以保证排向大气的为清洁气体，达到国家相关标准和规范要求。

6.5.4.3　焚烧系统调试

回转窑的转速也是影响焚烧效果的重要因素。回转窑转速太快将会影响焚烧效果，排出的渣中含碳量升高；回转窑转速过慢，大部分物料在回转窑前端着火、燃烧，使得回转窑内温度过高，引起结焦、结渣，以及内部耐火、保温材料的膨胀不均、寿命缩短等。正常运行时，焚烧应在回转窑的中后部进行。

正常情况下，处理额定处理量的干污泥，只需开启窑尾燃烧器（二段火）进行助燃即可，窑头燃烧器作为调节手段，即当窑头温度过低，或二燃室出口温度过低，以及导热油温度下降明显时，需要投入窑头燃烧器进行助燃。

经调试，当干燥机达到额定处理量时，干污泥经螺旋输送机输送，全部直接进入回转窑时,回转窑转速在10 Hz左右运行较合适,螺旋输送机可以在40~50 Hz运行。

另外,窑头负压也是焚烧的一个重要参考数值,窑头负压必须低于-30 Pa。

调试后,正常运行时,相关技术参数如下:

二燃室出口烟气温度:不小于1100℃;

二燃室出口负压:-10 Pa;

二燃室出口烟气含氧量:6%~10%。

6.5.4.4 导热油循环系统调试

启动时,先将导热油通过注油泵从储油罐中输入到膨胀油箱中,通过导热油自重注满整个导热油系统。启动导热油循环泵,使导热油在整个系统中循环,系统中残留的气体通过膨胀油箱排入大气中。

当干燥机发生故障,或需要紧急处理时,干燥机后部的三通阀起作用,切换到旁通位置;当导热油需要冷却或系统停车时,油气分离器前的三通阀起作用,切换到导热油冷却器运行。导热油冷却器采用水冷方式,由冷却水泵提供冷却水。

导热油循环系统流程如图6-7所示。

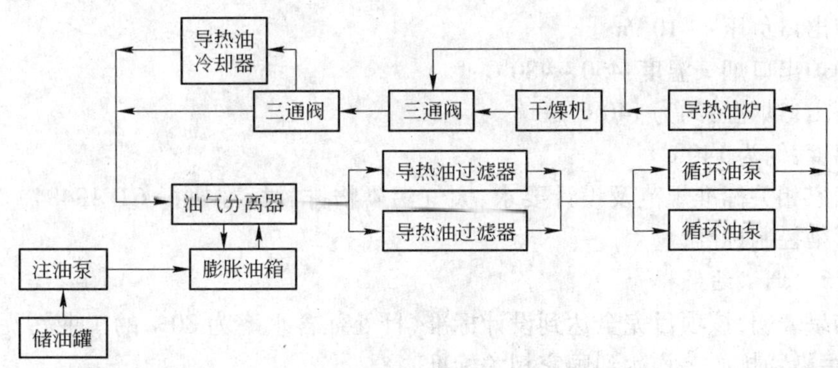

图6-7 导热油循环系统流程

正常运行时,导热油循环系统相关参数如下:

循环油泵出口油温:160~175℃;

导热油炉出口油温:175~190℃;

导热油炉入口油压:0.44~0.45 MPa;

导热油炉出口油压:0.10~0.11 MPa;

导热油流量:31.5~33.5 m^3/h。

当导热油温度高于80℃时,必须开启导热油循环泵,将系统的导热油进行循环。

导热系统运行时,必须保证膨胀油箱内存有导热油。

导热油过滤器必须定期清理。

导热油循环泵一用一备,每隔48 h切换一次。

6.5.4.5 烟气冷却净化系统调试

急冷塔调试:急冷塔入口设置温度计,用于测量烟气温度,急冷塔出口设置温度计,用于测量排出急冷塔烟气温度。通过进出口烟气温度的测量,急冷系统可以通过出口温度的反馈值，调节喷入急冷塔内的水量，通过对喷入水量的控制，来确保出口烟气温度，压缩空气的量由急冷系统根据喷入的水量自动控制。急冷系统，由设备供应商单独控制，完全实现自动化，系统只需提供符合要求的水以及压缩空气即可。

干式反应器调试：石灰仓设置有电伴热，正常情况下，必须确保电伴热一直在运行，防止石灰吸潮。

布袋除尘器调试：自动运行时，喷吹阀 1 ~ 6 依次动作，将吸附在布袋上的灰吹落，灰仓下部设置有料位计，当灰斗内积灰超过料位计高度时，空气炮启动喷吹，通过旋转气锁阀将灰排出灰斗。

喷吹阀的喷吹动作由除尘器进出口压差控制或者定时控制。

除尘器入口管道设置有热电偶，当热电偶测试出的烟气温度过低或过高时，将信号传送给除尘器 PLC，由 PLC 控制三通阀动作，烟气绕过除尘器，从旁通管路进入到引风机。除尘器系统，由设备供应商单独控制，完全实现自动化，系统只需提供符合要求的压缩空气即可。

引风机是系统运行的关键设备，正常运行时，不允许引风机停止工作。

调试后，正常运行时，相关技术参数如下：

二燃室出口烟气温度：不小于 1100℃；

二燃室出口负压：－10 Pa；

导热油炉出口烟气温度：450 ~ 480℃；

急冷塔出口烟温：约为 140℃；

排烟温度：约为 140℃。

根据国家相关标准规范及设计要求，大气污染物排放标准执行 GB 18484—2001《危险废物焚烧污染控制标准》。

6.5.4.6 调试结果

调试结果表明，该项目完全达到设计标准，日处理含水率为 80% 的工业污泥 10 t，焚烧处理过程、污染物排放等均达到国家相关标准。

正常运行时，处理车间的处理能力与物料消耗，如表 6-7 所示。

表 6-7 物料消耗量

序 号	项 目	单 位	指 标	备 注
1	日处理量	t/d	10	含水率为 80%
2	耗电量	kW · h/d	1680	
3	耗油量	kg/d	1200	
4	耗水量	m^3/d	240	
5	耗气量	m^3/d	1920	0.1 MPa
6	灰渣量	kg/d	600	
7	排 污	m^3/d	150	

7 污泥资源化利用实例

7.1 污泥资源化利用基本原理和方法

7.1.1 污泥资源化利用基本原理

污泥产生源头的减量化与污泥处理处置过程的再循环(资源化)应该相互结合。立足污泥产生源头的减量化是基础,稳定化和减量化是资源化利用的前提,资源化利用是污泥的出路和循环经济发展的需要。

污泥资源化利用的基本原理是利用污泥热值、污泥成分、营养元素等特性,进行资源化利用。

污水处理厂污泥中含有丰富的有机物,使其具有一定的热值,通过一定的手段回收其中的热值,也是资源化利用的一种。污泥中还含有 P、N、K 等营养元素及植物生长所必需的各种微量元素 Ca、Mg、Cu、Zn、Fe 等,它能改良土壤结构,增加土壤肥力,促进植物的生长。同时,污泥中含有大量的灰分、铝、铁等成分,可应用于制砖、水泥、陶粒、活性炭、熔融轻质材料以及生化纤维板的制作。

7.1.2 污泥资源化方法概述

根据污泥资源化利用的基本原理,污泥的资源化利用大致可以分为三类,土地利用、建材利用和能量回收。

7.1.2.1 土地利用

污泥的土地利用是将污泥作为肥料或土壤改良材料,用于园林、绿化、林业、农业或贫瘠地等受损土壤的修复及改良等场合的处置方式。污泥中含有丰富的有机质和营养元素以及植物生长所必需的各种微量元素,是一种很好的肥料和土壤改良剂,所以土地利用越来越被认为是一种积极、有效、有前途的污泥处置方式。根据最终用途,土地利用主要分为农用、园林绿化和土地改良等。土地利用的污泥处理方式主要是堆肥化处理。

但污泥土地利用需要具备的一个重要的条件是:其所含的有害成分不超过环境所能承受的容量范围。污泥由于来源于各种不同成分和性质的污水,不可避免地含有一些有害成分,如各种病原菌、重金属和有机污染物等,这都在一定程度上限制了污泥在土地利用方面的发展。因此,污泥土地利用需要充分考虑污泥的类型及质量、施用地的选择,并且一般需要经过一定的处理,来降低污泥中易腐化发臭的有机物,减少污泥的体积和数量,杀死病原体,降低有害成分的危险性。

污泥土地利用可能会造成土壤、植物系统重金属污染,这是污泥土地利用中最主要的环境问题。一般城市污水含有 20% ~40% 的工业废水,重金属含量或有机污染物超标概率高,所以,污泥的土地利用带有一定风险性。污泥中还存在相当数量的病原微生物和寄生虫卵,也能在一定程度上加速植物病害的传播。

污泥天天排放,而土地利用却是有季节性的,这种矛盾使得污泥必须找地方贮存,这既增加了管理与场地费用,同时又使污泥得不到及时处置。

污泥用于土地利用时必须经过稳定化、减量化、无害化处理,即使如此,污泥的产生量也无法与土地所需要的污泥量在时间上匹配,通过土地利用途径能够消耗的污泥量是非常有限的。因此,污泥土地利用处置不适合大型项目,且目前没有大型项目在成功运行的实例。

7.1.2.2　建材利用

污泥建材利用是指将污泥作为制作建筑材料的部分原料的处置方式。研究表明,污泥制成建材后,污泥中的一部分重金属等有毒有害物质会随灰渣进入建材而被固化其中,重金属失去游离性,因此,通常不会随浸出液渗透到环境中,从而不会对环境造成较大的危害。污泥中含有大量的灰分、铝、铁等成分,可应用于制砖、水泥、陶粒、活性炭、熔融轻质材料以及生化纤维板的制作。

根据最终用途,建材利用主要分为做水泥添加料、制砖、制轻质骨料和制其他建筑材料。此外,将污泥焚烧灰压缩成形,再在1050℃高温下烧结,制备地砖等建筑材料的方法也已开发成功。

目前应用较多的是制砖。污泥制砖的方法有两种,一种是用干化污泥直接制砖,另一种是用污泥焚烧灰渣制砖。污泥灰及黏土的主要成分均为 SiO_2,这一特性成为污泥可做制砖材料的基础。

污泥焚烧灰的基本成分为 SiO_2、Al_2O_3、Fe_2O_3 和 CaO,在制造水泥时,污泥焚烧灰加入一定量的石灰或石灰石,经煅烧即可制成灰渣硅酸盐水泥。利用污泥焚烧灰为原料生产的水泥,与普通硅酸盐水泥相比,在颗粒度、相对密度、反应性能等方面基本相似,而在稳固性、膨胀密度、固化时间方面较好。

污泥制造纤维板是由污泥中的蛋白质经变性作用和一系列物化性质的改变后,与预处理过的废纤维一起压制而成。在日本已经有许多这方面的工程实例。

污泥除了可以用来生产砖块、水泥外,还可用来生产陶瓷、轻质骨料等。从经济角度看,污泥建材利用不但具有实用价值,还具有经济效益。近些年来,一些工业发达国家将污泥制作建材作为污泥处理和资源化的手段之一,不仅解决了城市污水处理厂污泥的处理和处置问题,还取得了很好的效益。

然而,污泥建材利用最大的缺点是需要大力开拓市场,而且需要建设复杂昂贵的建材生产系统。

7.1.2.3　能量回收

污泥中含有的大量有机物,成为污泥热值的主要来源。因此,能量回收就是通过一定的处理方法,将污泥转化为可燃的物质,如沼气等。常见的能量回收手段有污泥消化、热解和碳化等。

污泥消化通常是作为污泥的稳定化手段,在污泥消化的过程中,会产生部分的沼气,在国际上,通常被认为是较为经济的污泥处理方法。污泥消化分为厌氧消化和好氧消化。厌氧消化是在无氧条件下,污泥中的有机物由厌氧微生物进行降解和稳定的过程,最终产物为甲烷和 CO_2。它是目前国际上最为常用的污泥生物处理技术,也是大型污水处理厂最为经济的污泥处理方法。在污泥厌氧消化工艺中,以中温消化(33 ~ 35℃)最为常用。国外近几年的技术发展表明,厌氧消化在一定的工艺下,运转稳定,不但可以满足自身中温消化的能量需求,还可以输出大量的热量用于后续的污泥干化和厂内热水需求,甚至可以供给附近居民热水和小规模发电输出。

在欧洲和北美洲的污水处理厂,污泥厌氧消化的成功案例较多。在我国,杭州四堡污水处理厂、北京高碑店污水处理厂、天津东郊污水处理厂采用中温厌氧消化。上海市白龙港污水处理厂的污泥中温厌氧消化工程正在建设中。

污泥好氧消化的基本原理就是对污泥进行长时间的曝气,污泥中的微生物处于内源呼吸而自身氧化阶段,此时,细胞质被氧化成 CO_2、H_2O、NO_3^-,从而达到稳定。好氧消化虽然也能达到污泥稳定的目标,但能源消耗较高,不符合我国国情和节能减排的原则,仅适用于小型污水处理厂。

污泥热解是一种新兴的污泥热处理工艺,即污泥在无氧或缺氧的条件下,在催化剂的作用下,加热到一定的温度(高温或低温),最后将污泥中的部分有机物转化为碳氢化合物。污泥热解的主要可燃产物有不凝性气体、油和碳氢化合物三种。这三种可燃产物具体组成和含量则由污泥本身的特性决定,当然也和热解的条件有关。

污泥的高温热解需要耗费大量的能量,目前,研究较多的是低温热解。同时,由于热解过程中会产生大量臭气,需要进行尾气处理,目前还处于实验室研究阶段。

污泥碳化是近年来新兴的污泥热处理工艺,是指污泥在缺氧条件下被加热,由于水分的蒸发和其他挥发分的分解,在污泥表面形成了众多的小孔,在进一步升温后,有机成分持续减少,碳化缓慢进行,并最终形成了富含固定碳的碳化产物。国外成熟的碳化技术可以在较短的时间内,大幅度减少污泥的体积和质量,减量化约为十分之一,且碳化后的产物被证明是安全无污染的有用原料,甚至还可以作为普通肥料用于农业。碳化技术在国外,如日本、韩国等国家有一定的发展,在国内已有一些企业引进了污泥碳化技术,但目前还处于实验阶段,暂没有应用实例。

7.2 污泥土地利用实例

7.2.1 参考标准

污泥土地利用的参考标准包括:

GB/T 23486—2009《城镇污水处理厂污泥处置 园林绿化用泥质》;

CJ/T 291—2008《城镇污水处理厂污泥处置 土地改良用泥质》;

CJ/T 309—2009《城镇污水处理厂污泥处置 农用泥质》。

7.2.2 污泥土地利用概况

污泥土地利用是指将处理后的污泥作为肥料或土壤改良的基质材料,用于园林、绿化、林业或农业等场合的处置方式。

国际上污泥的土地利用,已逐渐成为很多国家污泥处理处置的主要方法之一。尽管欧洲各国政府都先后出台了严格的污染物浓度标准和无害化要求,但最近10年,欧盟污泥农用的比例并没有下降,尤其是卢森堡和法国等国家,污泥农用的比例竟超过了50%。而在美国,土地利用也逐渐成为主要的处置方式之一,2005年起,美国土地利用比例上升至66%。

根据对国内部分城市污泥土地利用的调研,已经有上海市程桥污水处理厂、大连水质净化一厂、徐州污水处理厂、淄博市污水处理公司、北京北小河污水处理厂、秦皇岛东部污水处理厂和唐山西郊污水处理厂等单位将污泥制成有机颗粒肥、有机复混肥和有机微生物肥料等，施用于农田或绿化。在《上海市污泥处理处置专项规划》中，也将污泥用于园林绿化作为中远期污水污泥消纳的主要途径之一。

我国污泥土地利用主要为三种形式，即园林绿化、土地改良和农用，同时，我国还制定了相应的标准。

7.2.3　污泥土地利用主要指标

7.2.3.1　土地利用污泥含水率

土地利用的污泥按照污泥的含水率大小可分为：浓缩污泥、脱水污泥、堆肥污泥和干化污泥。

A　浓缩污泥

浓缩污泥指的是将消化污泥经过浓缩或者已经浓缩的生污泥经过低温灭菌后而成的污泥土地利用材料，这是一种简单而又比较经济的污泥利用方法，不仅污泥固体能被均匀地利用，而且污泥中溶解状态的养分也得到了利用。

B　脱水污泥

脱水污泥指经过脱水后的污泥在农业或绿化上的利用，污泥中掺入稻草可以防止污泥黏在一起，以便于撒布，如果用脱水污泥连续施用，土壤中养分含量的增加速度是使用家畜粪肥的2倍。

C　堆肥污泥

堆肥污泥是指将脱水污泥经过堆肥而成的污泥肥料。堆肥是有机物通过好氧菌进行好氧发酵的产物，制造堆肥污泥肥料的方法有污泥单独堆肥、污泥与垃圾混合堆肥两种。污泥经堆肥化处理后，其物理形状改善、质地疏松、易分散、粒度均匀细致、含水率小于40%，且植物可利用形态养分增加，重金属的生物有效性减小，是一种很好的土壤改良剂和肥料。

D　干化污泥

将污泥干化至含水率为30%～40%左右利用最佳，保持适当的粒度和含水率可防止污泥利用时被风吹散，但费用比前几种形态的污泥肥料都高。如果在干化污泥中掺入其他的无机肥料做成复合肥料，可以适合各种不同植被的需要，加之干化污泥存储稳定性好，便于长距离运输，可扩大销售和施用范围，所以干化污泥具有前几种污泥肥料不可比拟的优势。

7.2.3.2　土地利用中污泥的施用方法

污泥肥料的施用方法分为地表施用和地面下施用两种，应保证污泥以机械方式或自然方式与土壤混合。按污泥肥料物态不同，污泥施用也有不同的具体方法。

液态污泥施用相对简单，可选择的方法有：

（1）地表施用　地表施用相比于其他的施用方法可明显减少地表雨水径流引起的营养物和土壤的损失，液态污泥的地表施用不适合潮湿土壤地区，一般采用罐车或农用罐车。

（2）地面下施用　液态污泥的地面下施用适用于可耕土地，而潮湿和冰冻土壤则禁用。其施用方法包括注入、沟施或使用圆盘犁犁地，污泥地面下施用的方法有效地减少了氨气的挥发量，阻止了蚊蝇孳生，并且使污泥中的水分能够迅速地被土壤吸收，减少了污泥的生物不稳定性；但是其增加了投资费用，污泥施用的均匀性亦很难保证。

(3) 灌溉　包括喷灌和自流灌溉,前者较适用于开阔地带及林地施用,污泥由泵加压后经管道输送至喷洒器喷灌,它可实现均匀地施用,但存在投资大、喷嘴易阻塞等局限性,更关键的是,有引起气溶胶污染的危险,因此,一般应慎用;后者则依靠重力作用自流到土地上,由于其很难保证施用量的均匀分布,以及易发臭等,因此较少使用。

脱水污泥施用可减少大量的运输费用,施用机械的选择性较大,但其操作和维修费用比液态(浓缩)污泥施用高。通常施用时的撒布机械与农用机械大致相同,如带斗推土机、撒播机、卡车、平土机等均使用得较为广泛,脱水污泥撒布后,可由拖拉机或推土机牵引的圆盘推土机、圆盘耕土机和圆盘犁将其混入土壤。

污泥堆肥、干化污泥的可施用性好,单位土地面积的污泥肥料体积用量小,一般无需采用专门的土地撒布机械;污泥肥料撒布后,可根据作物生长的要求选择是否进行翻耕。

7.2.3.3　污泥施用地点的选择

最新的污泥标准对污泥施用地点作出规定:为了防止对地下水的污染,在沙质土壤和地下水位较高的农田上不宜施用污泥;在饮水水源保护地带不得施用污泥。

美国规定,散装污泥不能施用于有以下情形的土地:

(1) 洪灾;

(2) 冰冻;

(3) 冰雪覆盖,以免污泥被带入水体。

散装污泥的施用点必须距地表水体10 m以上。

理想的污泥土地利用场合,渗透系数应适中,地下水位距地面3 m以下,0 ~3%的地面坡度,离水井、湿地、水流等较远。选择污泥施用地点的重要因素有:地形、土壤的参数、地下水位、至水井等敏感区域的距离。美国EPA污泥土地利用设计手册中对地形、土壤的参数、地下水位、距敏感区域的控制距离作了一定的规定,如不同的坡度对污泥土地利用的影响等。

A　地形

坡度较大的地区,施用污泥有可能被地表径流侵蚀,因此,需要对施用地点的坡度进行限制。林地因为植被的保水性较好,不易形成径流,最高坡度限制可放宽至30%。

B　土壤的参数

污泥土地利用的适宜土质为:

(1) 壤质土;

(2) 渗透性较差,或者适中;

(3) 不少于0.6 m的土壤厚度;

(4) 中性或偏碱性(pH值大于6.5);

(5) 排水通畅。

C　地下水位

为防止施用的污泥污染地下水,地下水位以上的土层厚度必须有所限制,一般来说,这个厚度不少于1 m。由于地下水位随季节波动,短时期内0.5 m的厚度,也是可以容忍的。要施用污泥的地点,必须进行现场勘测,以掌握充足的地下水信息。

D　距敏感区域的控制距离

为减少污泥土地利用的环境风险,必须控制污泥施用地点距一些敏感区域的距离。敏感区域包括:居所、水井、地表水、公路、私人的不动产等区域。

7.2.3.4　污泥施用年限和施用率

在污泥土地利用中,污泥的施用年限、施用率和施用量主要根据重金属和氮的营养物来控制。

不同的土壤条件对污泥污染物具有不同的承受能力,不同的植物种类对污泥的适宜施用量也不同。美国在污泥土地利用中,重金属长期施用量根据美国 EPA"503"规则来控制,而年平均施用率则根据氮负荷率来确定。

A　施用年限

长期不合理的污泥土地利用,很可能导致土壤中重金属元素的积累,进而可能造成作物可食部分中有害物质超标,因此,污泥土地利用时一定要严格控制污泥的施用年限和施用量,若不考虑土壤中重金属元素的输出,把土壤中重金属的积累量控制在允许浓度范围内,那么污泥施用年限可根据下式计算:

$$n = C \times W/(Q \times P)$$

式中　n——污泥施用年限;

C——土壤安全控制浓度,mg/kg;

W——每公顷耕作层土重,kg;

Q——每公顷污泥用量,kg/hm^2;

P——污泥中重金属元素含量,mg/kg。

B　污泥施用率

计算污泥的施用率应根据两方面确定,按土壤环境标准确定施用率和按作物吸收养分量来确定施用率。

a　按土壤环境标准确定施用率

按照给定的土壤环境质量标准、土壤中重金属的背景含量、重金属年残留率以及污泥限制性重金属含量,可以确定污泥在该土壤中的施用率,如表 7-1 所示。

表 7-1　供设计选择的污泥施用率类型

污泥施用率类型	代　号	施　用　率
一次性最大污泥施用率	S_1	$S_g = (W_h - B) \cdot T_s / C$
安全污泥施用率	S_2	$S_a = W_h(1 - K) \cdot T_s / C$
控制性安全污泥施用率	S_3	$S_k = (KW_h - BK^j)(1 - K^j) \cdot T_s / C$

注:表中 W_h 为给定的土壤环境质量标准,mg/kg;B 为该土壤重金属的背景含量,mg/kg;K 为该土壤重金属的年残留率,%;T_s 为耕层土壤干重,t/(亩·a);C 为污泥限制性重金属含量,mg/kg;j 为给定的年限。

在保证不污染环境的条件下,充分利用污泥中的植物营养成分,是设计、选用污泥施用率的基本原则。从利用污泥营养成分的角度,可将污泥施用率划分为以下三种类型:

(1) 一次性最大污泥施用率(S_1)　把污泥作为土壤改良剂,改良有机质和养分含量低的土壤或复垦被破坏的土地时,通常选用 S_1,以便尽快达到改良的目的。按作物需磷量确定的只施一次的污泥施用率为 S_{P1}[以干污泥计,t/(亩·a)],按土壤重金属环境质量标准确定的一次性最大污泥施用率为 S_g[t/(亩·a)]。从不污染环境的角度出发,S_1 值选用 S_{P1} 和 S_g 中的低值。

(2) 安全污泥施用率(S_2) 把污泥作为固定肥源或复合肥料添加剂,长期施于农田,通常选用 S_2。按作物需要氮量确定的污泥长期施用率为 S_{NL},安全污泥施用率为 S_a。一般选用 S_a 作为 S_2 值。

(3) 强制性安全污泥施用率(S_3) 根据土地要求,场地使用年限为20年,在给定年限内每年施用污泥,在这种情况下,S_3 采用 S_{NL} 和控制性安全污泥施用率(S_k)中的低值作为 S_3 值。

b 按氮、磷营养物计算

(1) 污泥中可利用氮的计算 氮负荷率主要根据商业肥料中提供的有效氮来规定。由于城镇污泥是一种慢释放的有机肥料,因此,氨的化合物和有机氮量必须根据下式来计算:

$$L_N = [w(NO_3) + k_v w(NH_4) + f_n w(N_0)]F$$

式中 L_N——在污泥施用年里植物可利用氮,g/kg;

$w(NO_3)$——污泥中硝酸盐的质量分数,%;

k_v——氨的损失中挥发系数,对于液体污泥地表利用取0.5,对脱水污泥地表利用取0.75,对污泥地面下注入利用取1.0;

$w(NH_4)$——污泥中氨的质量分数,%;

f_n——有机氮的矿化系数,对于消化污泥且在温暖天气情况下取0.5,对于消化污泥且在凉爽天气情况下取0.4,对于寒冷天气或者堆肥污泥取0.3;

$w(N_0)$——污泥中有机氮的质量分数,%;

F——转化系数。

(2) 基于氮负荷率的污泥施用率 基于氮负荷率的污泥施用率计算如下式所示:

$$L_{sn} = U/N_p$$

式中 L_{sn}——基于氮负荷率的污泥施用率,mg/(hm^2·a);

U——单位土地作物的氮吸收典型值,kg/hm^2;

N_p——污泥的含氮率,g/kg。

美国部分地区单位土地作物的氮吸收典型值[kg/(hm^2·a)]如表7-2~表7-4所示。

表7-2 草料作物单位土地的氮吸收典型值(美国) kg/(hm^2·a)

草料作物	紫花苜蓿	雀麦草	黑麦草	果园草	高牛毛草
氮吸收值	220~670	130~220	180~280	250~350	145~325

表7-3 庄稼作物单位土地的氮吸收典型值(美国) kg/(hm^2·a)

庄稼作物	小麦	大麦	玉米	棉花	高粱	大豆	土豆
氮吸收值	155	220~670	175~200	70~200	135	245	225

表7-4 树木单位土地的氮吸收典型值(美国) kg/(hm^2·a)

树木	混合阔叶林	红松	白云杉	白杨	火炬松	杂交白杨	花旗松
氮吸收值	东部森林:225; 南部森林:280; 五大湖区森林:110	东部森林:110	东部森林:225	东部森林:110	南部森林:225~280	五大湖区森林:110; 西部森林:300	西部森林:225

7.2.3.5　污泥土地利用监测

污泥的有害成分进入土壤后，一般不会立刻表现出其不利影响，如氮、磷短期内在土壤剖面上迁移量较小，一次施用污泥后，重金属的含量一般也不会增加很多，但若长期大量使用，其负面效应就会明显地表现出来。因此，应该进行长期定位监测，研究污泥施入土壤后，其所含的有害成分在土壤中的行为及变化，为污泥的长期安全使用提供科学依据和技术支撑。

A　监测项目

污泥土地利用监测的对象为污泥、污泥施用后的土壤、土壤中的作物和植被。其主要的监测项目为污泥中的重金属污染物、病原菌、营养物、病原体传播动物控制、有机污染物；土壤中的重金属污染物、营养物、有机污染物；土壤作物中的重金属。

B　监测频率

根据标准执行。

7.3　污泥建筑材料利用实例

7.3.1　参考标准

污泥建筑材料利用的参考标准包括：

CJ/T 289—2008《城镇污水处理厂污泥处置　制砖用泥质》；

CJ/T 314—2009《城镇污水处理厂污泥处置　水泥熟料生产用泥质》。

7.3.2　污泥建筑材料利用概述

污泥建筑材料利用是指将处理后的污泥作为制作建筑材料的部分原料的处置方式。日本在污泥建筑材料利用方面已经有许多工程实例，据统计到2002年末，日本污泥有效利用率已经达到了63%，而其中建筑材料利用的比例已高达40%左右。美国的污泥焚烧灰大部分都被填埋掉，但焚烧灰的回用也是研究的热点和未来发展的方向，美国对于普通城市生活垃圾焚烧灰渣的建筑材料利用则已有几十年的历史。英国、德国、法国等也都致力于污泥建筑材料利用的研究，目前，应用技术已基本成熟，可逐步推向商业化应用。

对于污泥用于建筑材料，在北京、重庆和上海等许多城市都曾进行过这方面的生产性研究。上海市区某污水处理厂的部分污泥曾送往水泥厂进行处理，在1350～1650℃的高温中与其他原材料一起燃烧，从窑里出来后污泥已变为熟料的成分，经测试完全符合质量标准，重金属元素则被固定在熟料矿物的晶格里，不会有残渣单独排出，通过了浸出液毒性鉴别。

污泥原料可以是干污泥，也可以是焚烧污泥（即污泥焚烧灰）。但当采用干化污泥直接制砖时，如果污泥中有机成分含量较高，就可能在烧结时，导致砖块开裂，因此，一般建议污泥作为制砖配料投加的量，与黏土比例为1:10左右。

污泥建材利用还应考虑其他污染物，如放射性污染物、有机污染物等，由于污泥制建材过程中，常需进行高温处理，按日本有关方面的研究，有机污染物如二恶英等含量很低。

以污泥为原材料制作的建材，除上述提及的污染物需要按一定的规范进行控制外，还需按建材方面的有关规范和标准进行衡量。

对于污泥制作建材所可能产生的环境影响，除了对有机污染物进行监测之外，还应对烟气中锌、铅、铜、砷、汞、铬、镉等物质进行检测，确保烟气排放满足我国相关排放标准，如：GB 16297《大气污染物排放标准》，GB 4915《水泥厂大气污染物排放标准》和 GB 14554《恶臭污染物排放标准》。

7.3.3 污泥制砖

7.3.3.1 制砖原理和工艺

制砖工业中砖块的主要原料为黏土，将生活污泥与黏土的化学成分进行比较，结果如表 7-5 所示。

表 7-5 生活污泥与黏土的成分比较

主要成分 w/%	污泥灰				黏土			
	灰 1	灰 2	灰 3	灰 4	黏土 1	黏土 2	黏土 3	黏土 4
SiO_2	36.2	36.5	30.3	35.2	67.1	55.9	66.6	64.8
Al_2O_3	14.2	12.3	16.2	16.9	13.4	15.2	18.0	20.7
Fe_2O_3	17.9	15.1	2.8	5.6	5.6	6.1	7.6	6.7
CaO	10.0	13.2	20.8	16.9	9.4	12.2	1.1	0.5
P_2O_5	1.5	13.2	18.4	13.8	0.1	0.2	0.1	0.2
Na_2O	0.7	0.6	0.6	0.7	0.3	0.5	0.2	0.2
MgO	1.5	1.5	2.5	2.8	0.9	6.0	1.6	1.0

由表 7-5 可知，污泥灰和黏土中的主要成分均为 SiO_2，这一特性成为污泥可作为制砖材料的基础。另外，污泥灰中除了 Fe_2O_3 和 P_2O_5 含量远高于黏土，且重金属含量明显高于黏土，其他成分都较为接近，这说明使用污泥制砖是可行的。同时，由于污泥中富含有机质，具有较高的燃烧热值，上海市对城镇污泥的热值进行研究，发现绝大部分干污泥的燃烧热值可高达 10 kJ/g 以上，因此，也可用干污泥直接制砖，充分利用污泥热值，节省能源。

污泥制砖材料可采用焚烧灰或干化污泥，两种方法制砖的工艺流程基本相同，分别如图 7-1 和图 7-2 所示。

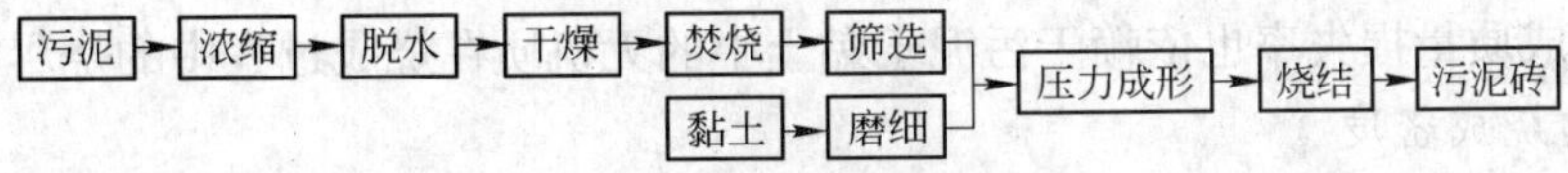

图 7-1 污泥焚烧灰制砖工艺流程

污泥 → 浓缩 → 脱水 → 干燥 → 磨细 → 筛选 → 压力成形 → 烧结 → 污泥砖

黏土 → 磨细 → 压力成形

图 7-2 干化污泥制砖工艺流程

用干化污泥直接制砖时，应对污泥的成分进行适当的调整，使其成分与制砖黏土的化学成分相当。当污泥与黏土按质量比 1∶10 配料时，污泥砖可达普通红砖的强度。此种污泥砖制造方式，由于受坯体有机挥发分含量的限制，当有机挥发物达到一定限度会导致烧结开裂，影响砖块质量，污泥掺和比甚低，因此，从黏土砖限制要求来看，生污泥较难成为一种适宜的污泥制建材方法。

使用污泥灰作为添加剂或者完全替代黏土的技术可行性已被证实，在美国、新加坡、英国、德国和其他一些国家都有应用实例。

7.3.3.2　污泥砖的性能分析

反应污泥砖性能的主要指标有砖的吸水率、烧成尺寸收缩率、烧成质量减少分数、烧成密度以及砖的强度。

A　砖的吸水率

吸水率是影响砖耐久性的一个关键因素，砖的吸水率越低，其耐久性与对环境的抗蚀能力越强，因而砖的内部结构应尽可能致密以避免水的渗入。随着污泥含量的增加和烧成温度的降低，砖的吸水率会逐步升高。而在制砖中，污泥灰起着造孔剂的作用，所以污泥灰砖的吸水率比黏土砖高。在用干化污泥制砖中，污泥降低了混合样的塑性以及混合样颗粒间的黏结性能。当混合样中污泥含量较高时，混合样的黏结性能下降，但砖内部微孔尺寸增加，其结果导致吸水率的升高。由于干化污泥砖的有机杂质多，烧结后的微孔也多，所以其吸水率比污泥灰砖高。

B　砖的烧成尺寸收缩率

通常，质量优良的砖的烧成收缩率低于8%，污泥灰砖的烧成收缩率基本上低于8%。在干化污泥砖中，烧成收缩率随污泥含量的增加而相应增加，形成近线形关系。由于干化污泥的有机质含量远高于黏土，污泥的加入提高了烧成收缩率，导致砖的性能降低。烧成温度也是影响烧成收缩率的重要参数。通常，提高烧成温度，烧成收缩率上升；同时，烧结温度不能过高，以免把砖烧成玻璃体。因而，污泥含量与烧成温度是控制烧成收缩率的两个关键因素。有资料表明，在干化污泥中，污泥含量低于10%，烧成温度低于1000℃时，其烧成收缩率符合优质砖标准。

C　砖的烧成质量减少分数

增加污泥含量与提高烧成温度的结果是导致烧成质量减少分数的增加。1999年国家发布的砖烧成质量减少分数标准是15%。研究表明，干化污泥含量少于10%时，所有的砖都符合标准。对于普通黏土砖而言，在800℃时烧成后的质量损失主要由黏土中有机质燃烧引起。然而，当混合样中加入干化污泥后，烧成质量损失率明显增加，因为污泥中含有的有机质量大。另外，砖的烧成质量损失率也依赖于污泥于黏土中的无机质在烧成过程中的烧尽。

D　砖的烧成密度

干污泥砖的密度与污泥含量成近似线形关系。因污泥中有机质含量较高，在烧结时有机质挥发必然留下孔洞，粒径较粗，烧结体致密性差。烧成温度同样也影响颗粒的密度，结果显示，提高烧成温度会提高颗粒密度。在污泥灰砖中，污泥灰作为造孔剂，这个效果可由吸水率的增高与密度的降低来衡量。

E　砖的强度

抗压强度是衡量砖性能最为重要的指标之一。抗压强度极大地依赖于污泥的含量与烧成温度。干化污泥砖的抗压强度随干污泥含量的增加而降低，随烧成温度的升高而升高。含量为10%的干化污泥砖在1000℃烧成时，其抗压强度为二级品。污泥灰砖中，P_2O_5 含量越高，SiO_2 含量越低，其软化性越强；污泥灰抗压强度还依赖于污泥灰中铁和钙的含量，铁含量的增加使得砖体抗压强度提高，钙则使其降低。污泥灰含量低于10%制砖时，其抗压性能比干化污泥砖和黏土砖都好。研究表明，当污泥灰含量为10%、烧结温度为1020℃时，其砖抗压性能最好,可达 138 MPa。

7.3.4 污泥制水泥

7.3.4.1 工艺及原理

众所周知,水泥窑炉具有燃烧炉温高和处理物料大等特点,且水泥厂均配备有大量的环保设施,都是环境自净能力强的装备。而城市生活垃圾、污泥的化学特性与水泥生产所用的原料基本相似。利用污泥和污泥焚烧灰制造出的水泥,与普通硅酸盐水泥相比,在颗粒度、相对密度、波索来反应性能等方面基本相似,而在稳固性、膨胀密度、固化时间方面较好。利用水泥回转窑处理城市垃圾和污泥,不仅具有焚烧法的减容、减量化特征,且燃烧后的残渣成为水泥熟料的一部分,不需要对焚烧灰进行填埋处置,是一种两全其美的水泥生产途径。

利用污泥做生产水泥原料有三种方式:一是直接用脱水污泥;二是干化污泥;三是污泥焚烧灰。不管是采用哪种方式,关键是污泥中所含的无机成分必须符合生产水泥的要求。表 7-6 中列出了将污泥焚烧灰渣的矿物质成分与硅酸盐水泥成分的比较结果。从表中数据可知,除 CaO 含量较低、SiO_2 含量较高外,污泥焚烧灰其他成分含量与硅酸盐水泥含量相当。因此,污泥焚烧灰加入一定量的石灰或石灰石,经煅烧即可制成硅酸盐水泥。

表 7-6 污泥焚烧灰水泥与硅酸盐水泥的矿物组成 %

组分 w	硅酸盐水泥	污泥焚烧灰	污泥水泥	质量要求限制
SiO_2	20.9	20.3	24.6	18~24
CaO	63.3	1.8	52.1	60~69
Al_2O_3	5.7	14.6	6.6	4~8
Fe_2O_3	4.1	20.6	6.3	1~8
K_2O	1.2	1.8	1.0	<2.0
MgO	1.0	2.1	2.1	<5.0
Na_2O	0.2	0.5	0.2	<2.0
SO_3	2.1	7.8	4.9	<3.0
LOI 热灼损失量	1.9	10.4	0.3	<4.0

注:数据来自 Tay J H, et al. Resoauce Recovery of Sludge as a Building and Construction Material-a Future Trend in Sludge Management. Wat. Sci. Tech. 1997, 36(11):259~266。

制成的污泥水泥性质与污泥的比例、煅烧温度、煅烧时间和养护条件相关。污泥水泥的物理性质的测定结果见表 7-7。

表 7-7 污泥水泥物理性质

性 质		污泥水泥	硅酸盐水泥
水泥细度/$m^2 \cdot kg^{-1}$		110	120
水泥体积固定性/mm		1.9	0.9
容积密度/$kg \cdot m^{-3}$		690	870
相对密度		3.3	3.2
紧密度/%		82	27
硬凝活性指数/%		67	100
凝结时间/min	初 始	40	180
	终 止	80	270

硅酸盐水泥制造厂可以部分地接受污泥焚烧灰、干化污泥和脱水污泥作为生产原料，具体的污泥形态要求决定了该厂的预处理工艺，图 7-3 所示为相关的原料预处理工艺。

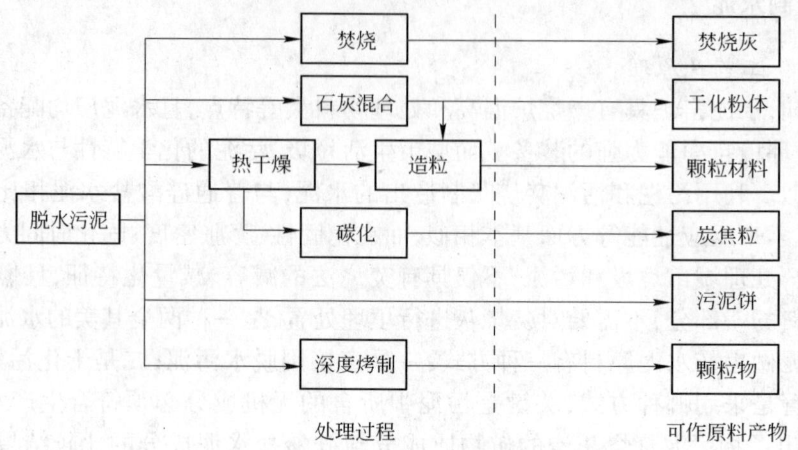

图 7-3　污泥制硅酸盐水泥的预处理工艺

我国已经建立污泥用于水泥熟料生产的泥质标准，污泥用量和相关指标需参考该标准进行。

7.3.4.2　污泥制水泥的预处理

A　焚烧灰

硅酸盐水泥厂可直接接受污泥焚烧灰作为其生产原料。

B　脱水污泥

硅酸盐水泥厂应用污水污泥的替代方法是接受脱水污泥饼，脱水污泥在水泥厂可直接放入烧结制造熟料。日本有一些城市采用此方式消纳污泥，同时需要支付一定的成本，包括污泥运输费以及给水泥厂的补贴。

C　石灰混合

石灰混合是另一种无需焚烧的污泥制水泥预处理工艺。脱水污泥与等量的石灰混合，利用石灰与水反应所释放的热量使污泥充分干化，此过程只需很少的加热。混合后的产物为干化粉体，可被水泥厂接受。

D　干化污泥

干化污泥可作为水泥厂的原料，并替代一部分燃料，目前，有多种污泥干化装置可使脱水泥饼干化至水分更低的干化水泥。

E　造粒/干化

污泥造粒/干化作为脱水污泥制硅酸盐水泥的预处理方法，在欧洲和南非有多个应用实例，此处理方法的工艺流程如图 7-4 所示。

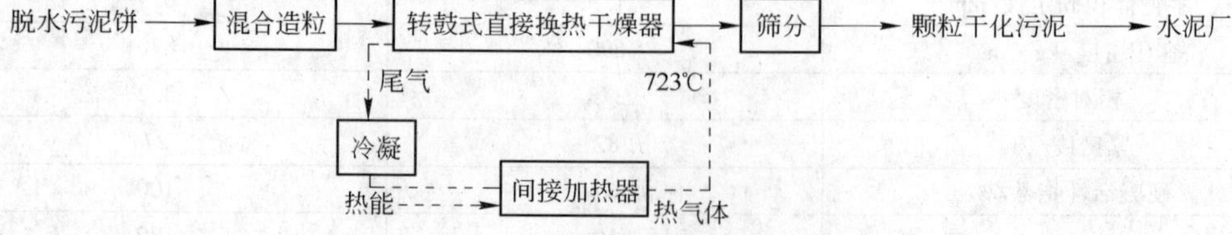

图 7-4　封闭化的污泥造粒/干化处理流程

其气流封闭的工艺特征较好地解决了污泥干化过程中臭气污染问题，其干化污泥颗粒的含水率为10%，达到巴氏灭菌的卫生水平；颗粒粒径均匀，为2～10 mm；堆积密度为700～800 kg/m^3；颗粒热值为10.46～14.65 MJ/kg。干化颗粒耐储存，运输方便，但能源费用较高。

7.3.4.3　污泥制水泥的优越性

利用水泥回转窑处理城镇污泥，具有独到的优势。

（1）有机物分解彻底，在回转窑中，温度一般在1350～1650℃之间，甚至更高，燃烧气体在高于800℃时停留时间大于8 s，高于1100℃时停留时间大于3 s。在湿法回转窑中，气体在1400～1600℃时停留时间在6～10 s，燃烧气体的总停留时间为20 s左右，且窑内物料呈高湍流化状态，因此，窑内的污泥中有害有机物可充分燃烧，焚烧率可达99.999%，即使是稳定的有机物，如二噁英等也能被完全分解。

（2）回转窑热容量大，工作状态稳定，处理量大。

（3）回转窑内的耐火砖、原料、窑皮及熟料均为碱性，可吸收SO_2，从而抑制其排放。在水泥烧成过程中，污泥灰渣中的重金属能够被固定在水泥熟料的结构中，从而达到被固化的作用。我国目前对于水泥或混凝土中重金属的浸出量尚未有具体的规定，上海水泥厂曾对由城市污水污泥为原料制成的水泥进行了鉴定。结果显示，尽管污泥中重金属含量较高，但经过水泥烧成过程的稳定、固化后，其重金属浸出浓度基本符合环保要求。

（4）污泥中的有机成分和无机成分都能得到充分利用，资源化效率高。

（5）水泥生产量大，需要的污泥量多；水泥厂地域分布广，有利于污泥就地消纳，节省运输费用；水泥窑的热容量大，工艺稳定，处理污泥方便，见效快。

7.3.5　污泥制陶粒等轻质材料

7.3.5.1　工艺和原理

我国行业标准JC 487—1992《超轻陶粒和陶砂》中，将轻质陶粒定义为堆积密度不大于500 kg/m^{3}的陶粒。轻质陶粒采用优质黏土、页岩或粉煤灰为主要原料，经过回转窑高温焙烧，经膨化而成。污水污泥的无机成分以SiO_2、Al_2O_3和Fe_2O_3为主，类似黏土的主要成分，在污泥中投加一定的辅料和外加剂，污泥便可制成轻质陶粒。

污泥制陶粒目前仅处在研究阶段，未能进行实际案例，而且根据资料描述，污泥制陶粒主要来自于河道底泥。针对苏州河底泥的化学成分、矿物成分等性能成分进行了分析，探索了以底泥为主要原料烧制黏土陶粒的工艺参数，分析了底泥原料和陶粒制品中有害成分的来源，并对其进行了定量测试。结果表明，经适当的成分调整，利用苏州河底泥能烧制出700号的黏土陶粒产品。经高温焙烧后，苏州河底泥中的重金属大部分被固溶于陶粒中，不会对环境造成二次污染。

污泥制轻质陶粒工艺流程如图7-5所示，制备的轻质陶粒产品性能可依据国家标准GB 2842《轻骨料实验方法》和建材行业标准JC 487《超轻陶粒和陶砂》来检验。

主要工艺流程说明如下。

A　均化

湿污泥与预先干化好的干污泥一起进入污泥混合机，经混合、均化后形成颗粒，送至干化器干化。

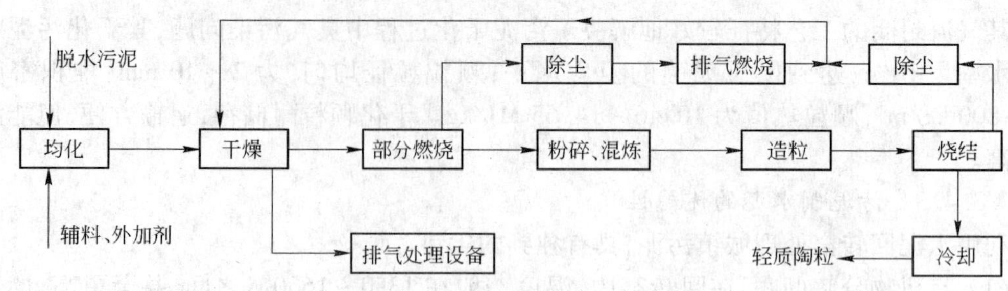

图 7-5　污泥陶粒生产工艺流程

B　干化

污泥干化装置多种多样,主要分为直接加热和间接加热。为了防止污泥在干化过程中结成大块,干化一般采用旋转干化器。热风进口温度为 800 ~ 850℃,排气温度为 200 ~ 250℃。污泥经干化后从含水率 80% 左右下降到 5% 左右。干化器的排气进入脱臭炉,炉温控制在 650℃左右,使排气中恶臭成分全部分解,以防止产生二次污染。

C　部分燃烧

部分燃烧是在理论空气比约 0.25 以下燃烧,使污泥中的有机成分分解,大部分成为气体排出,另一部分以固定碳的形式残留。部分燃烧炉内的温度控制在 700 ~ 750℃。燃烧的排气中含有许多未燃成分,送到排气燃烧炉再燃烧,产生的热风可作为污泥干化热源利用。部分燃烧后的污泥中含固定碳为 10% ~ 20%,热值为 1256 ~ 7536 kJ/kg。

D　烧结

烧结是制陶粒的最后一道工序,烧结陶粒的强度和相对密度与烧结温度、烧结时间以及产品中残留碳含量有关。残留碳的含量与陶粒的强度成反比,残留碳的含量越多,强度越低。烧结温度在 1000 ~ 1100℃之间为宜,超出此温度范围陶粒强度会降低。陶粒的相对密度随烧结温度升高而减小,在上述温度范围内,其相对密度为 1.6 ~ 1.9,烧结时间一般为 2 ~ 3 min。

7.3.5.2　轻质陶粒的组成和性能

轻质陶粒的组成如表 7-8 所示。酸性和碱性条件下的浸出试验结果如表 7-9 所示。试验结果表明,轻质陶粒符合作为建材的要求。

表 7-8　轻质陶粒的组成　　%

样　品	SiO_2	Al_2O_3	Fe_2O_3	CuO	SO_2	C	燃烧减量
1	41.9	15.7	10.6	8.8	0.18	0.79	1.08
2	43.5	14.3	10.4	10.8	0.17	0.31	0.55

表 7-9　轻质陶粒浸出试验结果　　mg/L

试验条件	Cr^{6+}	Cd	Pb	Zn	As
HCl	0.00	0.51	0.3	16.2	0.18
NaOH(pH 值为 13)	0.00	0.00	0.0	0.04	0.06
水	0.00	0.00	0.0	0.01	0.04

7.3.5.3　轻质陶粒的应用

轻质陶粒一般可做路基材料、混凝土骨料或花卉覆盖材料等使用,但由于成本和商品流通上的问题,还没有得到广泛应用。近年来,日本将其作为污水处理厂快速滤池的滤料,代替目前常用的硅砂和无烟煤,取得了良好的效果。轻质陶粒做快速滤池填料时,孔隙率大,不易堵塞,反冲洗次数少。其相对密度大,反冲洗时流失量少,滤料补充量和更换次数也比普通滤料少。

7.4 污泥作为填埋场覆盖材料实例

7.4.1 参考标准

CJ/T 249—2007《城镇污水处理厂污泥处置 混合填埋泥质》。

7.4.2 污泥用作填埋场覆盖材料应用

生活垃圾填埋场在按照卫生填埋工艺标准进行作业时,需要大量的覆盖材料对垃圾表面进行及时覆盖,避免垃圾与环境的直接接触。覆盖的作用表现在减少地表水的渗入,避免填埋气体无控制的向外扩散,减轻感观上的厌恶感,避免小动物或细菌孳生,便于填埋场作业设备和车辆的行驶,同时为植被的生长提供土壤。

目前来说,填埋场覆盖替代材料的研究尚处于实验室阶段,一般都是停留在某种或某几种拟作为替代覆盖的材料同泥土、土工薄膜等常规覆盖材料在作为日覆盖、中间覆盖或终场覆盖等方面性能的分析与比较,并没有形成统一、公认的合格的替代覆盖材料标准。国内各科研院所对此也做了一些富有成效的研究。同济大学唐圣均的研究表明,通过在污水处理厂污泥中掺入适量矿化垃圾提高污泥的承压性能和土力学性能,还可能实现污泥在专用填埋场的单独填埋,拓展在我国发展污泥填埋、彻底解决污泥最终出路的前景,有进一步研究的必要,以有效解决污水得到净化后污水处理厂污泥却污染环境的窘境。在目前需要新建污水处理厂的地区,可以考虑就近配套建设污泥专用填埋场,以经济、有效、圆满地解决污水处理厂污泥的处置。污泥的有机质含量高,较生活垃圾易降解,因此,可以推测污泥填埋5年后即可能基本稳定,可以将其开采作为农业用肥、园林用肥,实现废物的资源化。

国外,由于卫生填埋一般比较到位,因此,对替代覆盖材料的研究方向偏重于一些废弃物的资源化处理,如污泥等;而国内众多填埋场则往往是由于泥土的缺乏,日覆盖、中间覆盖和终场覆盖等卫生填埋工序很难到位,对替代覆盖材料的研究倾向于寻找能在部分功能上替代泥土进行覆盖的材料。

根据国内外技术的比较,将填埋场覆盖替代材料的研究,根据研究对象介绍如下。

德国对用汉堡港湾的淤泥替代黏土作填埋场终场覆盖的防渗层的情况做了研究。对淤泥进行预处理,经过机械分选和板压脱水后,得到粒径小于0.063 mm、含水率为60% ~80%的土样。通过颗粒分析实验,确定土样的颗粒成分为17%黏粒、57%的粉粒和26%的沙粒。1995年,建立了两座试验填埋场,每个填埋场长50 m,宽10 m,面积为500 m^2,覆盖坡度为8%。第一个试验填埋场严格按照德国的Ⅰ级填埋场的要求进行终场覆盖,顶土层为1.2 m、营养土层为0.3 m、排水层为1 m、防渗层利用经预处理的港湾淤泥为1.5 m。防渗层下面铺设了细沙和HDPE薄膜,目的是收集经防渗层渗滤下来的水以评价防渗层的性能。第二个试验填埋场的设计就相对简单:顶土层为0.2 m、排水层为0.6 m,防渗层为1.5 m,之所以把防渗层的保护层(顶土层+排水层)设计得这么薄是为了观察防渗层土样会不会因干化脱水而产生裂缝。经过对两个填埋场1.5年运行状况的观察，结果使人满意，在经历了一个降雨量仅为600 mm的1996年后，两个填埋场的淤泥防渗层都没有出现干裂现象，并且淤泥防渗层的表现稳定，无论降雨量和上层排水层的流量多大，防渗层的渗滤量都维持在0.05 mm/d左右。根据实测得到的水力梯度数据推算，1995年，淤泥防渗层的渗透系数是4.8×10^{-8} cm/s，1996年降至3.8×10^{-8} cm/s，防渗性能提高的原因可能是进一步的固结压实和渗流的致密作用。

同济大学对两种不同含水率的污水污泥（含水率分别为80 %的污泥a和45 %的污泥b），进行了防渗性能、抗剪切性能的研究，排除了污泥b为覆盖材料的可能性，提出了一个采用污泥a作为覆盖材料的方案。同时，污泥中五种主要重金属的含量并未超过GB 4282《农用污泥中污染物控制标准》的规定，可以考虑在污泥覆盖土体上栽种植被，防止泥土流失。

随着污泥资源化的不断研究，国内也出台了污泥用作填埋场覆盖土的标准，参见CJ/T 249—2007《城镇污水处理厂污泥处置　混合填埋泥质》。标准规定污泥用于垃圾填埋覆盖土进入填埋场时，必须符合相关指标规定。

各项污泥标准的颁布实施，为污泥处理与资源化利用的进一步开展奠定了基础，指明了方向。相信在广大专业工作人员的大力参与和共同努力下，我国的污泥处理事业会呈现繁荣的景象，各种污泥处理和资源化技术会具有广阔的应用前景。

参考文献

[1] 曾科,李平先. 城市污水厂污泥浓缩新技术的应用[J]. 安全与环境学报,2002,2(1):57~58.

[2] 胡锋平,朱自伟,李伟民. 城市污水处理厂污泥浓缩工艺的应用与发展趋势[J]. 重庆建筑大学学报,2004,26(5):124~127.

[3] 王新. 谈常用污泥脱水方法与设备[J]. 建设科技,2009,9:101.

[4] 王敏. 浅谈污泥脱水设备在污水处理厂中的应用[J]. 现代经济信息,2009,4:218.

[5] 余建恒,辜娟娟. 城市污水处理厂浓缩池运行管理实践与分析——以广州市大坦沙污水处理厂为例[J]. 广州大学学报:自然科学版,2004,3(5):474~476.

[6] 陈嘉愉,吴学伟. 污水污泥有机调质浓缩和无机调质脱水工艺研究[J]. 环境工程学报,2009,3(3):529~532.

[7] 王俊,刘康怀,赵文玉. 南宁味精厂废水处理工程剩余污泥脱水实验及工程试运行[J]. 桂林工学院学报,2003,23(3):334~338.

[8] 谢济明,黄沛涛. 南洲水厂污泥脱水工艺及设备选型[J]. 给水排水,2006, 32(4):22~24.

[9] 龙良俊. 污泥厌氧消化工艺设计探讨[J]. 重庆工商大学学报:自然科学版,2006,23(3):256~258.

[10] 陶伟峰. 苏州新区水厂污泥脱水处理自控系统简析[J]. 给水排水,2004,30(1):102~104.

[11] 张莹, 李璋璋,周轶. 污泥脱水系统工况实践及理论分析[J]. 供水技术,2008,2(1): 50~51.

[12] 姚新卫,张文彬,沈奇英. 污泥固化/稳定化技术在盐仓污水处理厂的应用[J]. 科技信息, 2009,15:325.

[13] Low E W, Chase H A. Reducing production of excess biomass during wastewater treatment[J]. Water Res, 1999,33(5):1119~1132.

[14] Tay J H, et al. Resoauce Recovery of Sludge as a Building and Construction Material-a Future Trend in Sludge Management[J]. Wat. Sci. Tech, 1997,36(11):259~266.

[15] 吴崇丹,杨平,郭勇. 污泥前置处理的减量化技术[J]. 环境与可持续发展,2006,(1):57~59.

[16] 吴崇丹,杨平,郭勇. 污泥的后置生物处理技术的发展[J]. 环境与可持续发展,2006,(2): 53~54.

[17] 彭永臻,陈滢,王淑莹. 污泥好氧消化的研究进展[J]. 中国给水排水,2003,19 (2):36~39.

[18] 丁文川,龙腾锐,许龙. 污泥好氧消化影响因素分析[J]. 给水排水,2004,30(7):23~26.

[19] 张小燕. 鸡冠石污水处理厂污泥厌氧消化处理运行实践[J]. 自动化与仪器仪表,2009,4:115~119.

[20] 蒋克彬. 剩余污泥的好氧消化设计[J]. 中国给水排水,2002,18(12):54~55.

[21] 宋永刚,陈涵,王宇峰,等. 郑州市污泥堆肥处理工程的设计[J]. 中国给水排水,2009,6(10):41~43.

[22] 周少奇. 城市污泥处理处置与资源化[M]. 广州:华南理工大学出版社, 2002.

[23] 唐受印. 废水处理工程[M]. 北京:化学工业出版社, 1998.

[24] 马晓茜. 回转窑式医院垃圾焚烧炉设计[J]. 工业锅炉, 1999, 10(4):10~12.

[25] 孙燕. 几种垃圾焚烧炉及炉排的介绍[J]. 环境卫生工程, 2002, 10(2):77~80.

[26] 杨慧芬. 固体废物处理技术及工程应用[M]. 北京:机械工业出版社, 2003.

[27] 曾庭华, 严建华, 蒋旭光, 等. 造纸污泥处置新技术——流化床焚烧法[J]. 中国造纸学报, 1996, 11(1):52~56.

[28] 刘德昌. 流化床燃烧技术的工业应用[M]. 北京:中国电力出版社, 1999.

[29] 岑可法, 倪明江, 骆仲泱. 循环流化床锅炉理论设计与运行[M]. 北京:中国电力出版社, 1998.

[30] 陈鸣. 城市污水处理厂污泥最终处置方式的探讨[J]. 中国给水排水, 2000(16):8~13.

[31] 唐圣钧. 污泥作为生活垃圾填埋场日覆盖材料的工程应用研究[D]. 上海:同济大学,2005.

[32] 上海市城镇排水污泥处理处置规划(2020). 上海市水务局,2008.
[33] 深圳市污泥处置布局规划(2006—2020).深圳市规划局,深圳市市政工程设计院,2007.
[34] 常熟市污泥处理处置专项规划(2009—2020).常熟市环境保护局,同济大学,2009.
[35] 张光明,等. 城市污泥资源化技术进展[M]. 北京:化学工业出版社, 2006.
[36] 赵庆祥. 污泥资源化技术[M]. 北京:化学工业出版社,2002.
[37] 赵由才.实用环境工程手册——固体废物污染控制与资源化.北京:化学工业出版社,2002.
[38] 尹军.污水污泥处理处置与资源化利用[M]. 北京:化学工业出版社,2004.
[39] 张辰.污泥处理处置技术研究进展[M]. 北京:化学工业出版社,2005.
[40] 张辰.污泥处理处置技术与工程实例 [M]. 北京:化学工业出版社,2006.
[41] 张辰.污水厂改扩建设计 [M]. 北京:中国建筑工业出版社,2008.
[42] 2009 上海水业热点论坛——中国污水处理厂污泥处理处置,2009.

冶金工业出版社部分图书推荐

书名	作者	定价(元)
湿法冶金污染控制技术	赵由才　牛冬杰	38.00
矿山固体废物处理与资源化	蒋家超　招国栋　赵由才	26.00
冶金过程固体废物处理与资源化	李鸿江　刘　清　赵由才	39.00
冶金过程废水处理与利用	钱小青　葛丽英　赵由才	30.00
冶金企业污染土壤和地下水整治与修复	孙英杰　孙晓杰　赵由才	29.00
冶金过程废气污染控制与资源化	唐　平　曹先艳　赵由才	40.00
冶金企业废弃生产设备设施处理与利用	宋立杰　赵由才	36.00
城市生活垃圾智能管理	王　华　毕贵红　李　劲	48.00
城市生活垃圾直接气化熔融焚烧过程控制	王海瑞	20.00
城市生活垃圾直接气化熔融焚烧技术基础	胡建杭	19.00
工业废水处理工程实例	张学洪	28.00
钢铁工业废水资源回用技术与应用	王绍文	68.00
焦化废水无害化处理与回用技术	王绍文	28.00
电炉炼钢除尘与节能技术问答	沈　仁　华伟明　沈　曙	29.00
袋式除尘技术	张殿印　王　纯　俞非漉	125.00
烟尘纤维过滤理论、技术及应用	向晓东	45.00
环境工程微生物学	林　海	45.00
医疗废物焚烧技术基础	王　华	18.00
二恶英零排放化城市生活垃圾焚烧技术	王　华	15.00
燃煤汞污染及其控制	王立刚　刘柏谦	19.00
固体废物污染控制原理与资源化技术	徐晓军　管锡君　羊依金	39.00
环境污染控制工程	王守信　郭亚兵	49.00
焦炉煤气净化操作技术	高建业	30.00
环境保护及其法规(第2版)	任效乾　王荣祥	45.00
物理污染控制工程	杜翠凤　宋　波　蒋仲安	30.00
环境生化检验	王瑞芬	18.00
环境噪声控制	李家华	19.80